おもしろ話で
理解する

機械要素入門

坂本 卓 著
SakamotoTakashi

日刊工業新聞社

はじめに

さまざまな機械や装置を散見すると、製造するときは言うに及ばず稼働時にもわかるように、多くの部品から成り立つことを実感できます。部品は単独あるいは連携して役割を果たし、それを基礎にして機械全体が充分に機能を発揮しています。部品は多くが機械要素（あるいは機素）と言われる役目を保有しています。

すなわち機械要素は機械の基礎を担い機械を構成する最も重要な部品になります。機械要素を理解することは機械を把握することに繋がり、機械要素を自由に駆使することによって新しい創造的な機械を開発することができます。たとえば部品同士を繋ぐ場合、その締結方法には多くの種類があります。適正で充分な機能を保持するためには、すべての締結方法と長所短所を理解し、そのあとに製造しようとする機械や装置の環境、寿命、安全性、運転の容易さ、精度、製造原価、取扱法や保守など多角的な検討を進めたあとに適正な手法を選択しなければなりません。もし不充分な検討に終わり、不適当な方法を選んで製造したときは何らかの不具合が発生するでしょう。

設計者は機械の製造に重大な責任があります。設計者はまず確固とした哲学を持っていなければなりません。設計者は機械要素を充分すぎるほど理解し、縦横に使い分ける能力を体得しておかなければなりません。そのため永年に培った経験が必須です。能力を有する設計者は上記のことを多面的に分析したあと、厳しく判断して機構を確立しなければなりません。設計者の意志は図面に表されますから一点や一線が極めて重大です。設計者が描き表した図面が機械の本質を決め、機械の性格を決定します。機械を製造するときに市販のソフトを利用して描き上げた図面は形だけであり、息吹ある生命がありません。機械はほんのわずかな手抜きあるいは不注意によって、全体の機能がそがれてしまうことがあります。機械は生きているからです。

はじめに

機械要素は機械を製造するために図面に盛り込むうえで最も重要な分野です。本書は機械要素について図面あるいは設計だけの範疇に止まらず、現場的な角度や実践的な観点から、その長所短所や使用方法および製造方法などを加えて、先生と学生の問答形式でやさしくまとめ理解しやすいように配慮しました。

本書が読者に理解されたあと、さらに多くの応用や実例を学び、経験を積み重ねる端緒になることを望みます。

2013 年 3 月

坂本　卓

第39話 回転の橋渡し役 …… 148
——クラッチ

第40話 管の連結はどうなる …… 152
——バルブ

第41話 漏れたらダメ！ …… 157
——シールの役目

第42話 品質確保します …… 161
——工具と測定器

索　引 …… 165

第32話 性能は回転だけではないよ ………………………… 123
——歯車の騒音、振動の発生

第33話 歯車はどんな形がよい ………………………… 126
——歯車の形状

第6章 ば ね

第34話 暮らしとばね ………………………… 130
——ばねの用途

第35話 のびて縮む ………………………… 133
——ばねの原理とコイルばね

第36話 ばね造りは難しい ………………………… 137
——ばねの製造法

第37話 受け止める力 ………………………… 140
——衝撃の拡散

第7章 その他の機械要素

第38話 止まれ！ ………………………… 144
——制動の原理

第23話　**こんな軸受はどう使う** ……………………………… 90
——特殊軸受

第24話　**遠くに伝える** ………………………………………… 93
——巻き掛け伝動

第25話　**大きい力はいらないよ** ……………………………… 97
——てこ

第26話　**運動の方向を変える** ………………………………… 102
——カム

第5章　歯　車

第27話　**回転を伝える** ………………………………………… 106
——歯車の用途

第28話　**歯車と言えるのは** …………………………………… 109
——歯車の諸元

第29話　**スムーズな回転のために** …………………………… 112
——歯車の種類①

第30話　**こんな回転もできるよ** ……………………………… 116
——歯車の種類②

第31話　**歯車の回転は滑らかだよ** …………………………… 120
——歯車の品質

第3章　キー、継手などの締結

第15話　軸と穴をしっかりと …… 58
——キーの使用

第16話　軸にキーが一体化した形状 …… 62
——スプラインの利用

第17話　こんな締結もあるよ …… 66
——接線キーと楔

第18話　軸を直列に繋げる …… 69
——軸継手の利用

第19話　板を合わせて繋ぐ …… 74
——リベットの利用

第20話　溶かして繋ぐ …… 77
——溶接方法

第4章　軸受と伝動

第21話　回転を支える …… 82
——軸受の種類

第22話　うまく転がるには …… 86
——転がり軸受の選定

第7話　寸法はどうする …… 23
——はめあいの基準

第2章　ねじの締結

第8話　繋ぐにはどうする …… 30
——ねじの役割

第9話　締め付けアラカルト …… 34
——ねじの種類

第10話　ねじを計る …… 39
——ねじの精度

第11話　どこにどう使う …… 42
——ねじの利用

第12話　こんな使い方も …… 46
——ボルトナットの用法

第13話　締め付けたら痛いよ …… 50
——座金で面の保護

第14話　ゆるんだら大変 …… 53
——ゆるみ防止

目　　次

はじめに …… i

第１章　寸法の基礎と面の粗さおよびはめあい

第１話　機械は人体の働きと同じ …… 2
――機械要素とは何か

第２話　許される寸法 …… 5
――寸法の許容差

第３話　ツルツルのお肌 …… 9
――表面粗さ

第４話　感触で測れますか …… 13
――表面粗さの手触り

第５話　基準が大事 …… 16
――定盤

第６話　簡単に離れない …… 20
――はめあい

第1章

寸法の基礎と面の粗さおよびはめあい

第1話　機械は人体の働きと同じ
——機械要素とは何か

先生『機械は人間と同じだね。生まれたらメンテナンスを受けながら寿命まで働くのだから』
学生「人体も部品から成り立っているわけですか」
『心臓は原動部であり、人体を制御するために脳がある。目鼻はセンサーだ』
「そうか。胃腸はエネルギーを造る源で、血液は潤滑油になるかな。手足は機械の何ですか」
『機械が正常に稼働するためのマニピュレータだ』
「人体には連結する関節があり、各部はそれぞれ専門の動きがありますよ」
『機械用語でたとえると、機械要素（mechanical element、略して機素）だね。機械は構成する部品に共通した部品があり、これらの機械部品を機素と言うんだ』
「機械は機素で成り立っているわけですか」
『たくさんの機素を組み合わせ、機素のそれぞれは固有の動きして機能を発揮し、機械全体を正常に稼働させているんだ』
「どれか1つ不具合があればうまくいかないのですか」
『人体と同じで機械もケガか病気になるんだ』
「治さなければなりませんね」
『機械ではそれが修理になる。故障しないようにいつもメンテナンスをしておかなければならないね。機械の場合はPM（preventive maintenance、予防保全）といって保守点検するんだ』
「どのようにするんですか」
『まず機械を使う人が日常に自己点検する。使う人が1番わかっているからね。自動車と同じだよ。次は定期点検。点検箇所を決めておき、期間を定めてリストに網羅されている項目を潰していくんだ』

「機械を人体に置き換えればまったく同じですね。人間も定期点検でドッグに入りますから」

『そうだね。機械は清掃や注油、水の補給、摩耗した部品を事前にリプレースしたり、ゆるんだ箇所の調整なども行うんだね』

「そうか。小さいところを前もって正常化しておけば大きい故障にならないというわけですか」

『機械の状態をいつもよく注意して見ていけば、異常が出たらすぐに気づくよ』

「機械を構成している機素を熟知しておくことが前提ですね」

『その通り。構成する機素はたくさんあるから、機械屋は成り立ちを理解して機能を最大限発揮するように努めることだ』

「機素にはどんな種類がありますか」

『今日から1年間、機素について勉強するから、そう急ぐ必要はないよ。1つ1つ確実に理解していけばいい』

「楽しみです。でもすべての機械には機素があるんですね」

『くどいけれどそうだ。機素を確実に把握して自分のものにすることが新しい機械の設計に繋がるんだ』
「そうしてできた新しい機械は特許になりますか」
『創造設計だね。そうなれば当然、知的財産所有権が発生するよ』
「でも新しい機械を発明することは難しいでしょう」
『どのような働きが必要か、寝ても覚めても考えていたら良いアイデアが浮かぶはずだ。その前提は機素の理解にあるね』
「たくさんの機素を全部自分のものにしたら、楽しいでしょうね」
『いろいろなひらめきが生まれるようになるよ。考えていると夢にまでアイデアが出てくるから、そのときは枕元のペーパーにすぐしたためておくんだ。朝になったら、それ以上の案が生まれ出てくる』
「新しい機械はそうして生まれてきたんですか」
『新しい機械を創造する前に、機械の働きとしてその必要性を根本から考えることだ。たとえば機械にある動きをさせるためには、幾通りもの方法があるから、どれが最適かを創造するんだね』
「何か例はありませんか」
『ここに重量数トンの大型物体が置いてあるとする。これを1 km先まで動かすための方法という例題だったらどうする』
「トラックに積みますよ」
『機素で考えるときはそうではなくて、ころを敷いて引く、下面に潤滑剤を塗る、竹材を縦に敷く、物体に大型気球を繋いで浮かせる、物体側面に大きい衝撃を加えながら移動させる……。アイデアの要諦《ようてい》は自由奔放な洞察によるんだ。あり得ないということを言ってはいけない』
「そういうことですね。わかりました」
『これから機素を勉強するが、ただ頭の中に入れたらよいということでなくて三現主義でいきなさい』
「何ですか。それは」
『本田宗一郎の言葉で、現場に足を運び、現物を手に取り、現実を理解することだよ』
「モノを見ることですね」
『そう。モノを見て触り、舐め、匂いを嗅いでやっとわかるんだ』

第2話　許される寸法

――寸法の許容差

『この玉を見てごらん』

「パチンコの玉ですね。それがどうしましたか」

『君たちがパチンコをするとき、玉の大きさに疑問はないかね』

「自動的に流れて来るからそんなことは考えませんよ」

『でも玉の大きさが異なると流れが違うんじゃないかね』

「そうかなあ。玉の大きさはどれくらい異なっていますか」

『JIS 規格によれば直径が 11 mm となっている』

「JIS にも規定されてるんですか」

『そう。でもすべての玉が 11.00 mm ではないと思うよ。重さは 5.4 から 5.5 g の範囲になっているから』

「寸法に差異があるわけですね。そうすると寸法の大小で流れが異なってくるのかな」

『それはいいとして、11 mm になるように造っても、どうしても寸法の差異が出てくる』

「でも NC 機械（numerical control machine、数値制御工作機械）だったら 11.00 mm になるでしょう？」

『そうとも限らないね。切削する材料の均一性、切削工具の摩耗、工作機械のガタなど多くの不安定要因があるから寸法に差異が生じてくるんだ』

「その寸法をもっと厳しく真の値にすることはできますか」

『さらに高精度の工作機械を使用するとか、恒温室で温度を一定に維持して加工することなどの対策ができるよ』

「だったら全部そうすればいいでしょう」

『そうすると手間がかかり、原価が高くなるから、加工した寸法には誤差があることを前提に造るんだね』

公差

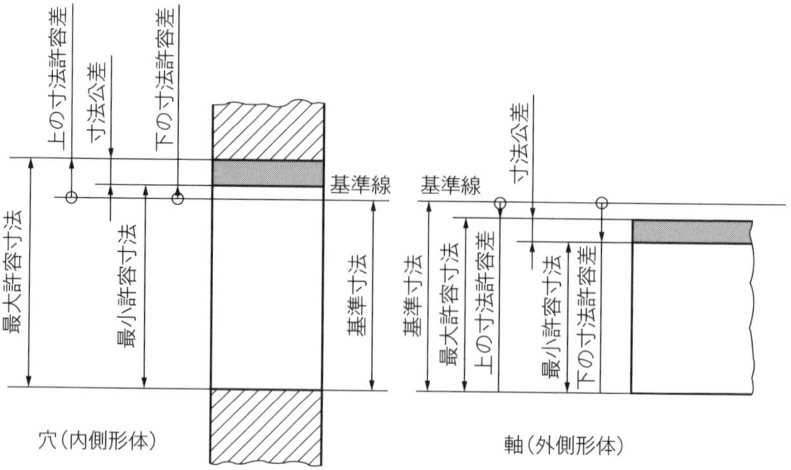

出典：JIS B 0401、日本規格協会、1986年

「そうすれば簡単ですね」

『でも誤差が大きくなると困ることが発生するから、公差という概念で許される寸法の誤差の範囲を決めておくんだ』

「それは一定の公差ですか」

『機械部品の必要精度や用途、寸法の大小などで変えているよ。2つの部品間の機能上に問題がない寸法を許容限界寸法と定めている』

「難しいですから、もっと具体的に説明してください」

『この許容限界寸法は大きい寸法が最大許容寸法、小さい方が最小許容寸法だ。そしてもともとの基準の寸法があるね。それが基準寸法。先ほどの公差は最大と最小の寸法の範囲を示すことになる』

「そうすると公差は加工精度になりますか」

『ご名答。加工精度の尺度を意味するね』

「何だか難しいですね」

『もう少し追加すると、実際の寸法や許容限界寸法と基準寸法の差を寸法差と称しているんだ』

「寸法差ですか……」

限界ゲージ

『穴と軸をベースにした図を見るとよくわかるよ。最大許容寸法と基準寸法の差は上の寸法許容差、最小許容寸法と基準寸法の差は下の寸法許容差だね』
「図を見たら理解できます」
『定義を話しているから難しく感じるけど、慣れがいるね。このように加工精度を厳しく求めるだけでなく、別の対策として寸法に公差を与えると加工が容易になるんだ』
「そうかなあ」
『具体的な事例を示そうか。君たちが使っているシャープペンの鉛筆の芯は何mm だね』
「0.5 mm です」
『0.5 mm は寸法に公差があるはずだね』
「そうでしょう。全部が 0.50 mm だとは思わないですね」
『でも推測するとおそらく 0.5 ± 0.01 mm の範囲に収まっているだろうね』
「だってそれで不都合なく書けますから、それでいいのではないですか」
『そのとおり。機能上から判断して寸法に公差を与えて造りやすくすることがベターなんだね』
「そんな例はどこにでもありますよ」
『一般に機械の部品は機能から考えて、基本的に寸法に公差を与えて造りやすくしているんだね。しかし、機械で加工したあと、正しい寸法に収まっているか計測する必要があるよ』
「全部測定することは不可能ですよ」
『製造の型式や量産の大きさによって測定方法を決める必要がある。抜き取りによって精度を統計化して管理することが要求されるんだ』
「そんな仕事もあるんですか」
『測定する部品が多いときには、限界ゲージという専用の工具で測定しているよ。穴を測るときはプラグゲージ、軸ははさみゲージだ』
「その部品用の測定具ですね。鶏卵を出荷するときはサイズを選別してバラツキを抑えていますよ」
『その方法も原理は限界ゲージを使っているんだね』

コラム

乾燥促進と風立て

洗濯物を干す条件は晴れていることと、外で干すという点です。洗濯物が乾く条件は気温が高いことと、湿度が低いことにあります。

洗濯物が（洗濯乾燥機を除いて）もっと効率的に早く乾燥する、すなわち乾燥速度を上げる方法はないでしょうか。乾燥に際しては洗濯物の表面から水分が蒸発する表面を考えたらよいのです。洗濯物は内側が高水分、表面近傍は低水分ですから、表面近傍を低湿度にすれば、内から表面への水分の移動に寄与するはずです。

米屋の友人がうるち米ともち米を原料にして米粉を製造し販売しています。前者は上新粉、後者は白玉粉です。製造工程は最初に水でていねいに洗米したあと水切りします。そのあとむしろやござの上に広げて、外で直射日光を当て天日干します。

しかし、天候不良の場合はこの工程ができませんから、室内で行いますが、乾燥が進まないからと相談を受けました。薦めた方法は以下です。部屋は外部から湿気が入らないように密閉し、壁の１カ所に換気扇を設置しました。むしろやござの上に広げる方法は同じですが、ござの手前にストーブ数台を置いて温度を上げ、さらにストーブの後ろから扇風機で風を立てました。風を立てることがこの方法のミソで、乾燥速度が早くなり天候不順の折でも生産効率が良くなりました。

各種の乾燥機器が市販されていますが、脱湿と乾燥速度を上げるために風を起こす原理に注目することが必要です。

第3話　ツルツルのお肌

——表面粗さ

「先生。最近、随分頭が仕上がりましたね」
『これは工場でヘルメットを被っていた後遺症だよ』
「職業病ですか」
『いわば、労災だね⁉』
「でもスキンヘッドは美しいですよ。アメリカの有名な俳優にもたくさんいますよ」
『おい、まだスキンヘッドまで到達していないぞ』
「おでこが広がってるだけなんですね」
『そうそう⁉　今日はツルツルな肌についての話だ』
「肌がどうしましたか」
『機素にも肌が重要になるんだ』
「肌って機械の表面のことですか」
『その通り。機械は面の肌が重要になる』
「場所によるんですね」
『そうだね。機械の面がすべてというわけでなく、必要な部分だけね』
「自動車のボディはツルツルですよ」
『そうだね。ではなぜ、自動車のボディは肌を綺麗にするのかな』
「風の抵抗を少なくするためでしょう。それと美観でしょうか」
『防食にも役に立つだろうね』
『日本人は自動車をピカピカに磨いているね。フランスに行ったら汚れたままの車が多いよ』
「磨かなくても動いたらよいという主義でしょう」
『ところで、面の肌はJISに規格があるんだ。面の凹凸の寸法を数値で決めている』

最大高さ

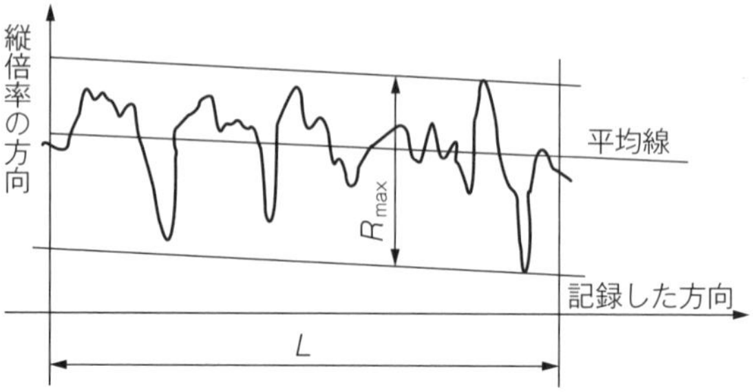

L：基準長さ　R_{max}：基準長さLに対応する抜取り部分の最大高さ
出典：JIS B 0601、日本規格協会、1986年

「決めてどうするんですか」
『面の肌は機械部品の表面の粗さ、表面加工の有無、表面のうねり、方向などの状態を含んでいるんだ』
「これも機能から考えたものですか」
『そうだね。粗さにもいろいろあるんだね』
「どんなものですか」
『最初に最大高さ（R_{max}）を説明しよう。図のように粗さを示す断面を見たとき、基準の長さの範囲で断面曲線に平行な2本の直線を挟んで引いたとき、この2直線の間隔を縦倍率の方向に測定した距離を μm 単位で表した数値を示すんだ』
「断面の底と山の間隔になりますね」
『概念としてはそうだね。基準の長さは数種を決めているから、その中から選定するんだ。さらに μm で示す数字にはS記号をつけることで区別している。たとえば 12S というように』
「12S は R_{max} が 12 μm というわけですね」
『そう。次に中心線平均粗さという定義がある。図のように測定長さの灰色の面積の平均値を示す粗さで、R_a で表すんだ』
「計算が難しいですよ」
『粗さ測定器で測ると自動的に値が計算されてくるよ。もう1つ、十点平均粗

中心線平均粗さの求め方

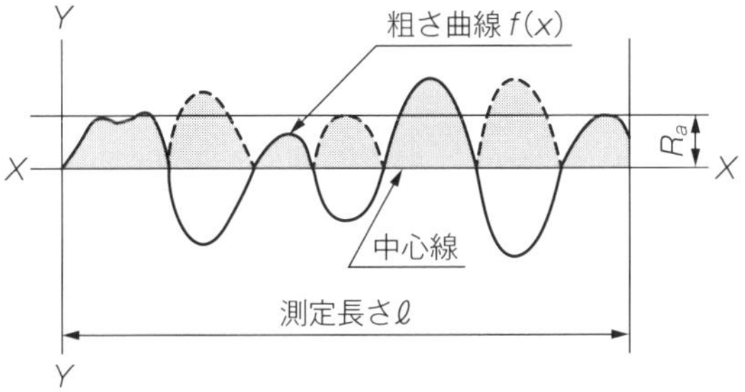

出典：JIS B 0601、日本規格協会、1986年

十点平均粗さの求め方

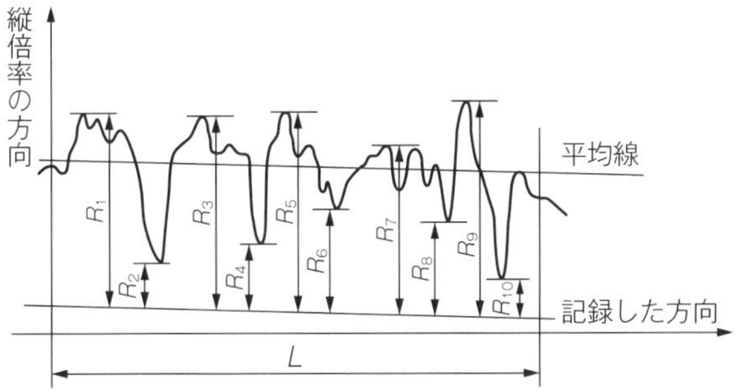

L：基準長さ
R_1、R_3、R_5、R_7、R_9：基準長さLに対応する抜取り部分の最高から5番目までの山頂の標高
R_2、R_4、R_6、R_8、R_{10}：基準長さLに対応する抜取り部分の最深から5番目までの谷底の標高

$$R_Z=\frac{(R_1+R_3+R_5+R_7+R_9)-(R_2+R_4+R_6+R_8+R_{10})}{5}$$

出典：「精説機械製図三訂版」p.126　和田稲苗他、実教出版、1989年

さという定義があるんだ。これも図に示すように基準長さのうち、最高高さの5番目までから最低高さの5番目までを差し引いた平均値だね。R_zで表示するよ』

「これも断面曲線から割り出して計算することが困難です」

『測定器に頼れるよ。面の粗さはこの3種類の中から選んで図示するんだ』

「面の粗さを示すだけでも大変だなぁ」
『しかし、面の粗さは部品の重要な要素だよ。たとえば漆器を手に取ってみたまえ。面が滑らかだろう。かなり小さい粗さだね』
「そうです。つるりとしています」
『つるりではなく、粗さが小さいというんだ』
「機械部品でそんなに小さい粗さが要求される箇所がありますか」
『たとえば、潤滑油が漏れないようにするにはシールが重要だ。シールは粗さをできる限り小さくした面にすると流体の漏れを遮断する効果が出るんだ』
「そうですね。シール部分にはメッキなどしていますよ」
『メッキすると面の粗さが小さくできるからだね。ただ面の粗さでは断面の方向を忘れてはならないよ』
「方向で粗さに差異が生じるからですか」
『平行と直角の方向で面の粗さに差異が生じたらシールも効かないからね』
「そうかあ。面の粗さって重要なんだな」
『女優のお肌にもこの3種類のうちどれかを当てはめて観察するといいよ』
「最近は1度映画に出たら大女優気取りの女が多くなりましたね。お肌は100Sぐらいもあるようだけれど」
『君の彼女の肌の粗さはどうだね。随分厚く塗りまくり、化けて粗さを隠しているようだが』
「それはもう、先生の頭の粗さをしのいでいます！」
『化けたお顔にだまされないようにね』

第4話 感触で測れますか

——表面粗さの手触り

「粗さの計測では測定器を使えないときもありますよ」
『大型品や形状が複雑なときは測定器が使えないし、とくに現場にいつも測定器を持っていって使うことはないからね』
「そうでしょう。そうするとわからない」
『そういう場合は体の一部で測るんだ』
「体の一部ってどこですか」
『人間の体で敏感なところはどこだろう』
「手ですか」
『その通り。手で測るんだ。手先は特に鋭敏だから、指先の腹を押し当ててその感触で測るんだね。人差し指が適しているけど、指の腹は指紋があるから、その凹凸が基準になる』
「ヘェーッ。指の腹で面をなぞるんですか」
『ベテランになるとミクロンオーダーで測ることができるんだね』
「匠の技ですね」
『君たちも経験を積んでできるようになったらどうだね。指先の爪で測ることもできるよ。爪を測ろうとする部分に縦に押し当てて左右に引くんだ。そうすると爪の感触で粗さがわかる。爪は少し摩耗するけどね』
「左右に引く意味は何ですか」
『粗さは方向によって異なることが多いからね。たとえば旋盤で加工したときは送り方向と回転方向ではまったく粗さが違うだろう。この場合は粗さが大きい送り方向で検討するんだ』
「人差し指を使うんですか」
『そう。爪は粗いときは親指でも測ったりするんだね』
「使い分けするんですね」

指による表面粗さの測定

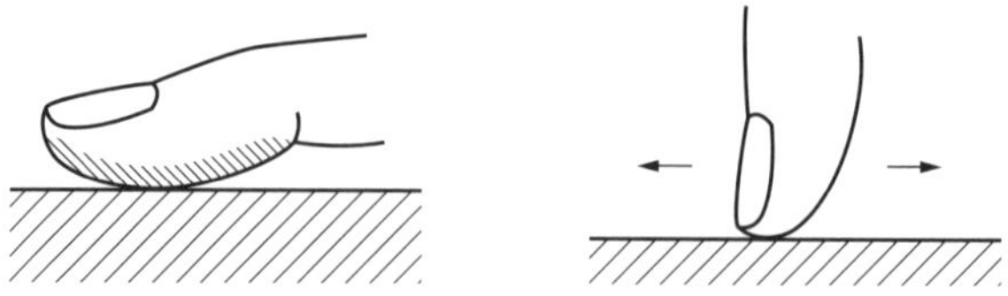

『現場で叩き上げた管理監督者はこれができるんだよ。それを作業者に指導するんだ。机上の空論ばかりでは役に立たないからね』
「現場経験した先生ならできるでしょうけど……」
『教えてもらえないなら、自分たちで工夫して体得したらどうかね。必ず役に立つんだ』
「自動車メーカーを立ち上げて大メーカーに育て上げた偉人は、何でもやれと言う精神を持って対処していたそうだ。彼はやれないことはない、目標を持てば必ずできると説いて現在の企業の姿を確立したんだ」
「本田宗一郎さんですね。聞いています。しかし、私たちは機械実習でも映像を見るだけが多くなりました」
『いつかそのしっぺ返しが来るだろう。もう新興国に追いつかれているからね。ホンダの指導者は、機械に耳を押し当てて音を聴け、手で触って温度を測れといい、仕舞には舌で機械を舐めたそうだ。すごいだろう』
「そうなれば機械を人間のように慈《いつく》しんでいたんですね」
『そこでもう一度粗さ測定だが、彼は舌で舐めて粗さを測定したそうだ。これは何ミクロンだとね』
「舌なら手先よりもっと敏感でしょうね」
『粗さを測定するには粗さゲージも市販されているよ』
「それは便利ですね」
『機械用の標準粗さゲージと言うんだ。しかし、ゲージがない場合のときを考えれば、仲介物を使って確実にするんだ』
「どんなモノですか」

『たとえば紙を使うことができる。コピー用紙でいいよ。この紙の厚さを前もってマイクロメータで計測しておく。通常のこの紙はどれくらいだ？』
「エーッと。0.5 mm ですか」
『機械屋になる予定ならいつも物事を数値で頭にインプットしておかなければならないね。0.03 mm が多いね。そこで粗さをこの紙の厚さと比較するんだ』
「それが仲介物ですか」
『ほかにもいろいろなモノが使えるし、粗さを測定するときに、種々の厚さを持つサンプルを準備しておけば現場では結構役に立つんだね。髪の毛を使うときもあるんだよ』
「髪の毛の大きさも小さいから利用できそうですね。しかも強い」
『もっと科学的な測り方は光を利用することだ』
「いろいろありますね。どんな方法ですか」
『測定しようとする面に光を当ててみると表面の状態がよく観察できるんだ。反射させると凹凸がよくわかるし、ルーペで拡大して粗さを見ることもできるね』
「そうかぁ。考えたら何でもできそうですね」
『いつも測定器だけで計測できると思わず、それがない場合の方法を考えつくようになれば真の機械屋になれるよ』
「彼女の頬の粗さも光で観察できそうです」
『私が写真を撮るときはポートレートの頬の粗さにピントを合わせていたよ」
「そんなに近寄って写していたんですか」
『彼女の瞳に私の顔が映るほどにね』

一流の技術者になるには
現場の知恵も
身に付けることだ

第5話 基準が大事

——定盤

『機械や部品を製造するときは基準が大事になるよ』
「モノ造りの基準ですか」
『面の粗さとも関係するが、部品のでき映えを評価するときにはどこに置くかだね』
「置くところが基準ですね」
『その通り。部品を加工する前後、できた部品を組み立てるときに、それぞれ基準の台に載せて計測などを行うんだ』
「しかし、その場合は平たいところでしょう」
『それが定盤だよ』
「定盤は平面ですね。しかも面の粗さが小さくなっています」
『君たちは定盤が単なる台と思っていたかも知れないけど、面の粗さは小さく、しかも平面全部がうねりやこう配や偏りがなく一定だ。これを平面度と言っている』
「でもかなり古くて、粗さが大きい定盤もありますよ」
『定盤は機械の製造だけでなく、溶接構造物の製缶物を造るときにも使用するから、用途に応じた精度にしているんだね。確かに鋳物や製缶物など素材に使用する定盤の精度は落ちているが、精密機械品はそうではないよ』
「定盤に使っている材料も違いますよね」
『鋳物や製缶物対象の定盤は鉄板の構造物が多いね。対して機械品では鋳鉄を使用している』
「どうして鋳鉄が良いのですか」
『定盤は重量物を積載したときに耐圧が必要だから、面の裏側の構造には剛性を保つように縦横にリブを入れている』
「そうすると定盤は積載重量によって仕様があるんですね」

定盤の種類

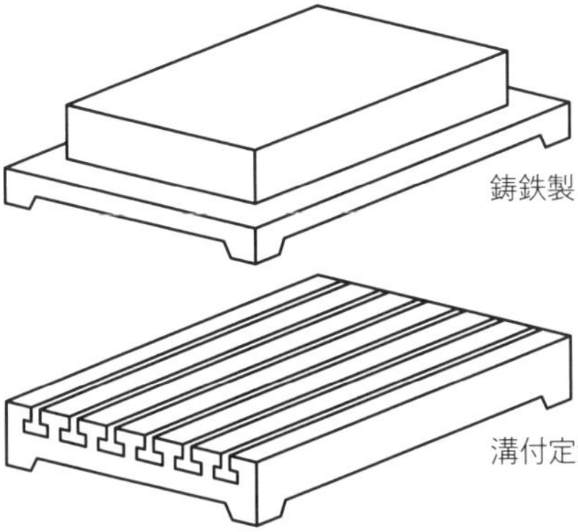

定盤上での測定

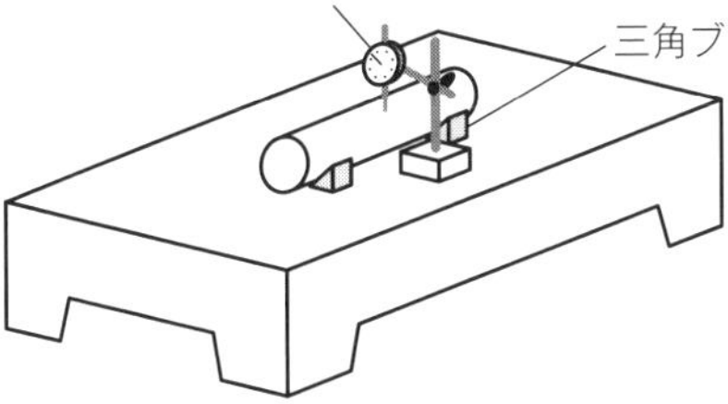

『定盤の能力は広さ、すなわち面積と積載重量になるんだね』
「耐圧が大きくて鋳造しやすい鋳鉄がいいんですね」
『鋳鉄は摩耗に強いから平面度も維持できるし、たわみにも強い。しかも安価に製造できるんだ』
「平面度が重要ですが、どのようにして確保しますか」
『鋳鉄は鋳物の素材ができあがったら内部の応力を解放するために充分な焼なましを行んだよ』
「でもそれだけではミクロンサイズの平面度は確保できないはずですよ」
『そのあとさらに平面を研磨加工するんだ。平面形削盤のプレナーやプラノミラなどで加工するんだね。できればさらに、きさげを行う』
「そうかあ。それで平面の精度はどうやって測定しますか」

『ラベラー（水準器）を縦横に置きながら計測するんだね。これを記録して保管すると経年の劣化がわかり、手直しの基準にもなるんだ』
「粗さも測るんですね」
『そう。もともと鋳鉄は摩耗に強いから、粗さが悪くなる頻度は少ないけど、これも部分的に計測して記録しておくんだね』
「定盤には溝付がありますよ」
『一般に部品精度を測る場合は溝なし定盤で行うが、機械や装置の組立は溝付を使用し、機械を抑えて固定できるように工夫しているよ。使い方次第だね』
「私たちが実習するときの定盤は平面が溝なし、平面度も小さくてピカピカでしたが、狭かったです」
『定盤は面の広さが機械を製造する能力に関係するから、工場見学のときはチェックポイントになるよ』
「大型品を造れるかどうかということですね」
『鋳鉄定盤の話をしたが、ほかにもっと良い材料を使った定盤があるよ』
「エーッ。どんなものがあるんですか」
『大理石で加工した定盤だ。大理石だから、まず摩耗は微少だし、経年劣化による寸法変化は皆無といっていい』
「最初からそれを使えばいいですが」
『まず、ドーンと高価格になるよ』
「それでは使い分けするんですね」
『大理石定盤を持っているメーカーはそれなりに精度を厳しく管理しているんだね』
「何に使うんですか」
『主に恒温室内に据え付けて、工具や計測具の精度計測時に使用しているんだ。
「それじゃ、大きさはメーカーの取り扱い能力になるんですね」
『計測具にも数メートルを超す大型品があるからね。大型の大理石定盤はメーカーの製造能力を測る物差しにもなるんだね』
「見学のときに注意して将来の就活の検討項目にします」
『君たちが遊ぶ将棋盤も一種の定盤だね』
「そうですね。平面度が出ているから、駒がピチッと収まります」

『盤の線引きはどのように墨を入れるか知っているかい』
「物差しですか」
『伝統的な日本刀の刃に墨を付けて押し付けて転写するんだ』
「全部そうしているんですか」
『いや、プロが使う盤だけだけどね。君たちのはマジックで描いた線だろう』

コラム

きさげ作業

部品の表面（面とします）は必要によって粗さを小さくします。面の粗さを小さくする部品の例を挙げると、レール上を駆動する車輪の踏面、歯車の歯面、旋盤の刃物台の摺動面、軸受の玉および軌道面、定盤の面などがあります。これらの例は面の粗さを小さくして相互に摺動あるいは接触して滑らかな動作を行う目的があり、結果として効率性を高めて発熱を防ぎ、耐摩耗性を向上させます。一方で、面の粗さを極限まで小さくするだけでこれらの目的が果たされるわけではなく、改善するためには次の３つの方法があります。

１つ目は潤滑油を使用する手段です。部品は金属同士が直接、摺動や接触するため、急速に摩耗しやすくなります。そのため境界の潤滑油を介して間接的な接触を行うことが有効です。

２つ目の対策は潤滑油の保持です。摺動あるいは接触面に潤滑油が経年上も残存することが必要です。つまり、油溜まりが必要なのです。材質が鋳鉄や焼結材は内部組織に黒鉛や気孔が残存するため、そこに潤滑油が溜まり、永く潤滑効果を維持できます。そのため旋盤など工作機械の摺動部には鋳鉄を使用します。

３つ目にこれらの材質を使用しない場合、人工的に油溜まりを設けます。面の粗さを小さく機械加工したあとに、油溜まりの非常に薄いへこみをつける手段です。きさげには専用のきさげ工具を使い、入念に規則正しく数ミクロン深さにへこみをつける作業です。きさげ作業は機械技能の中では最高の技量が必要であり、永い経験と熟練が要求されます。

第6話 簡単に離れない

――はめあい

『今日は、はめあいの話だ』
「はめあいとは何ですか」
『機械はすべてはめあいから成り立っていると考えていいよ。はめあいは重要な機素だ』
「どんな例がありますか」
『事例を挙げよう。今朝飲んだ瓶入りの牛乳は蓋を開けたはずだね。その紙の蓋はしっかり瓶にはまっていただろう。だから中の牛乳は漏れていない』
「それがはめあいですか」
『牛乳瓶の蓋はしまりばめというはめあいになるんだが。次は家の中のドアはどうだろう。ドアは部屋を区切っているから一種のはめあいだ。開閉ができるようになっているね』
「簡単に開閉できますからすきまがあるはずです」
『もし、しまりばめだったら開閉に困るから、すきまをつけているんだ。これはすきまばめになる』
「はめあいにもいろいろあるんですね」
『ところがどちらでもいいような例もあるんだ。君たちが被る帽子はどうだろう。ブカブカにして被っているときもあり、強く窮屈に被ることが好きな場合もあるようだね』
「そうです。人それぞれ好きな被り方がありますね」
『そう。だからそのどちらでもよい場合のはめあいが中間ばめなんだ』
「機械でも中間ばめで使うことがあるんですか」
『そうだね。それでは機械に絞ってはめあいの事例を見てみよう。すきまばめの例では、ボルトに締めるナットがある。あれはすきまばめだ。もししまりばめだったら締めることができないからね』

はめあいの種類

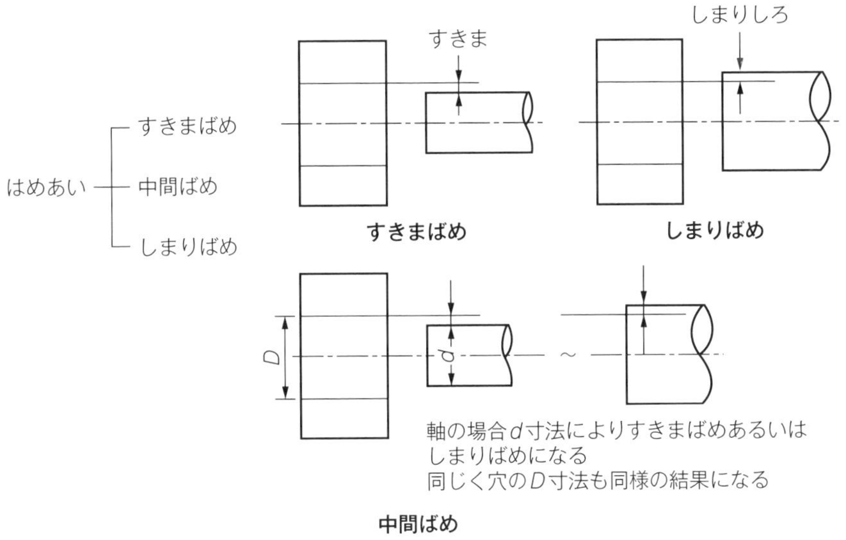

「そうかあ。そうするとすきまばめは多いんだ」
『中間ばめの例ではあまりはめあいを重要視しない部位に多いよ。すきまでも締まりでもよい箇所だ。キーがあるね。軸を穴に取り付けて回転を固定するときに使うのがキーだ』
「キーは軸にはめっぱなしのような気がしますが……」
『キーを取り外す機会が多いときは中間ばめにしているよ』
「でもしまりばめの寸法にできていたら取り付けられないのではないですか」
『そのときの締まりの寸法は少ない値にしていて、ポンポンと木製のハンマーで叩けば取り付けられるようにしているんだね』
「しかし、最初からすきまばめにしておけばいいのに、どうして中間でもよいようにするんですか」
『厳密にシビアな寸法に加工すると生産性が悪くなるから、割にラフにするんだ。その方が加工しやすい。さらに組立作業が簡単になるんだ』
「そうかあ。次はしまりばめですね」
『この例は多いよ。君たちが好きな自動車では車軸にタイヤがはめ込んである。

このはめあいがそうだ。すきまがあれば空回りするからね』
「すきまがあると空回りして重大な事故に繋がりますよ」
『軸は回転しやすいように軸受で固定しているけど、軸と軸受のはめあいも同じくしまりばめだよ』
「重要な箇所はしまりばめですね」
『多くはそうだね。このようにはめあいは3種類のはめあいの中から選んで決めているんだ』
「設計するときに決めるんですか」
『設計者は部品がどのような機能を果たすか、そのためにはどれを採用するかを決定するが、多くの経験が必要だね。君たちはいつも3Dなどというソフトを使って図を描いているけど、はめあいを考えたことがあるかな』
「それもソフトがやってくれると思っていました」
『ソフトというものは技術者が持っている固有の技術、経験、智恵が入ってない代物だよ。それにメーカーと技術者は決してノウハウを外に出さない。だから市販のソフトは素人が造ったと思っていいんだ』
「市販のソフトは重要ではないんですか」
『ソフトは考え方や流れを身に付けることはできるが、市販しているということはそれを使って飯を喰うことはできない。極めて一般的な基礎技術にしかすぎないよ』
「メーカーはソフトを使っていませんか」
『自社で開発したソフトを使っているよ。社外秘だ。君たちは今まで市販のソフトを使ってロボットを製作していただろう』
「そうです。だからいつも壊れたりしていました」
『ロボコン（ロボットコンテスト）の機械も企業で経験を積み重ねた技術者から見れば、幼稚だね。あれではうまくいかない』
「そうかあ。企業の技術は他社との競争の結果なんですね」
『ところでワイン瓶にはまるコルクの栓はどんなはめあいかな』
「えーと。栓抜きでもなかなかとれませんね。しまりばめですよ。ビールの栓も同じです」
『大好きなようだね。いつもはめあいを考えておけばいい智恵が生まれるよ』

第7話　寸法はどうする

——はめあいの基準

『はめあいは穴と軸の寸法を決めることが前提になるから、寸法の許容差はシビアにしなければならないよ』
「設計で寸法を記入するときにシビアに図示すればいいのではないですか」
『そうだが、シビアにしてもその通りに加工できないよ』
「シビアには加工できないですか」
『そう。加工は図面通りにできないことはないけど、時間がかかるから、生産性が悪くなる』
「そうかあ。どちらも重要ですからね」
『容易に短時間で加工ができ、しかも図面通りに仕上げることが必要なんだ』
「製造が重要ですね」
『だから加工するときも寸法を容易に確保できる方法が考えられたんだね』
「穴を加工するときに図面通りの寸法に仕上げることは難しいですし、マイクロメータを使って内径を測るので誤差が出やすいです」
『小さい穴ならシリンダーゲージ（第42話参照）による計測になるね。大きい場合は内パス（同）を使うときもある』
「そうですね」
『軸の加工は穴より難しくはないだろう』
「半分以下の時間で加工できますよ。やさしいです」
『そうすると寸法を指示するとき、どちらをシビアにすればいいだろうか』
「そうかあ。考えましたね」
『わかったようだね。穴の寸法の許容差は大きくしておき、軸のそれを小さくすればいいんだよ』
「多くの寸法指示はそうなっていますか」
『一般的にはめあい方式には穴基準方式と軸基準方式の２種類があり、前者を

穴・軸の種類と記号

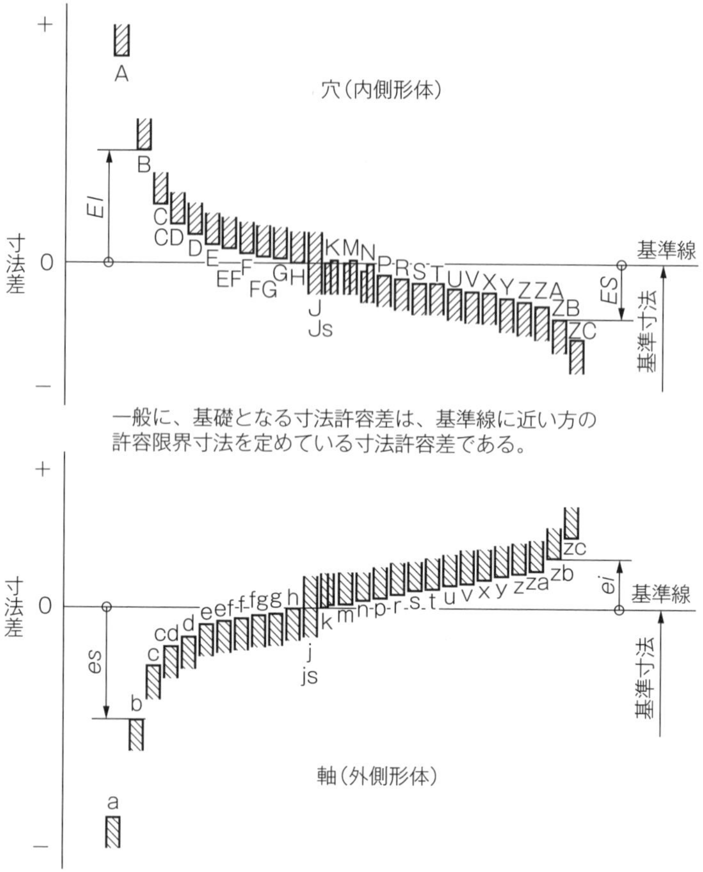

出典：JIS B 0401、日本規格協会、1986年

より多く採用しているんだ』

「2つの基準方式の考え方が異なるんですね」

『その前に記号のことを説明しよう。穴と軸の寸法許容差を指示するとき、簡単に理解できるように英字記号を採用しているんだ。穴は大文字で軸は小文字だ』

「図を見るとわかります。寸法許容差に対して多くの記号があるんですね」

穴基準はめあい

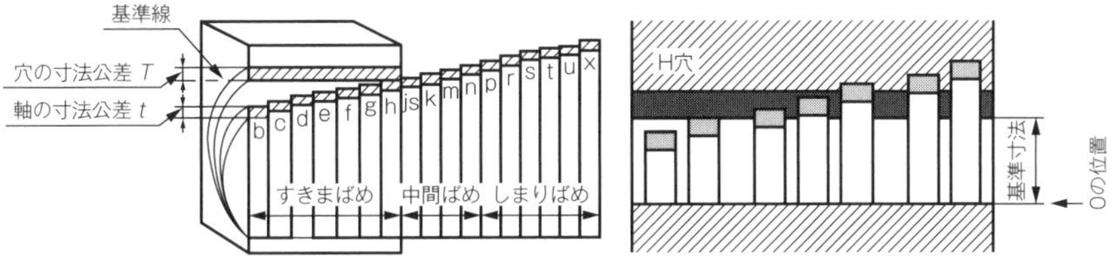

(a)　(b)

出典：JIS B 0401、日本規格協会、1986年

軸基準はめあい

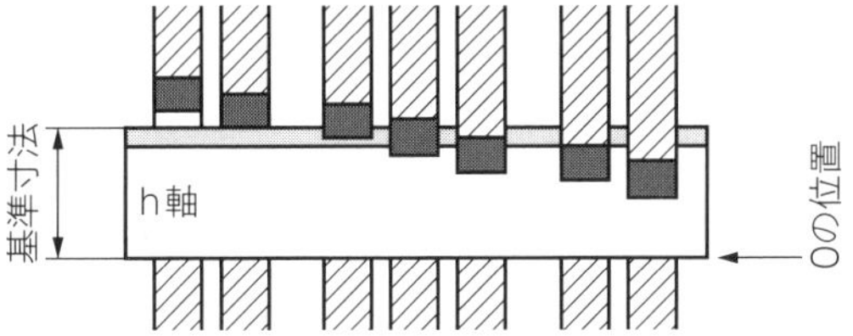

出典：JIS B 0401、日本規格協会、1986年

常用する穴基準はめあい

基準穴	軸の公差域クラス																
	すきまばめ							中間ばめ			しまりばめ						
H6						g5	h5	js5	k5	m5							
					f6	g6	h6	js6	k6	m6	n6	n6					
H7					f6	g6	h6	js6	k6	m6	n6	n6	n6	s6	t6	u6	x6
				e7	f7		h7	js7									
H8					f7		h7										
				e8	f8		h8										
			d9	e9													
H9			d8	e8			h8										
		c9	d9	e9			h9										
H10	b9	c9	d9														

出典：JIS B 0401、日本規格協会、1986 年

常用する穴基準はめあいの穴と軸の軸の寸法

H 穴の寸法許容差（単位 μm）

基準寸法の区分（mm）		穴の公差域クラス				
を超え	以下	H6	H7	H8	H9	H10
—	3	+6	+10	+14 0	+25	+40
3	6	+8	+12	+18 0	+30	+48
6	10	+9	+15	+22 0	+36	+58
10	14	+11	+18	+27 0	+43	+70
14	18					
18	24	+13	+21	+33 0	+52	+84
24	30					

基準寸法の区分（mm）		軸の公差									
を超え	以下	b9	c9	d8	d9	e7	e8	e9	f6	f7	f8
—	3	−140 −165	−60 −85	−20 −34	−45	−24	−14 −28	−39	−12	−6 −16	−20
3	6	−140 −170	−70 −100	−30 −48	−60	−32	−20 −38	−50	−18	−10 −22	−28
6	10	−150 −186	−80 −116	−40 −62	−76	−40	−25 −47	−61	−22	−13 −28	−35
10	14	−150 −193	−95 −138	−50 −77	−93	−50	−32 −59	−75	−27	−16 −34	−43
14	18										
18	24	−160 −212	−110 −162	−65 −98	−117	−61	−40 −73	−92	−33	−20 −41	−53
24	30										

『これを常時全部使うわけではないけど、一応決めているんだ』

「記号はわかりましたが、基準方式はどんな内容ですか」

『穴基準方式のはめあいは1つの公差域クラスの穴を基準として、これに軸をはめあわすときの必要なすきま、あるいは締めしろを与える。基準の穴は寸法差の下の許容差が0としてH記号を採用しているよ。説明では難しいから図表を確認してごらん』

「要するに穴を先に決めておいて、軸の寸法許容差を後で決めるわけですね」

『そう。次に軸基準方式は、1つの公差域クラスの軸を基準にしているんだ。そのあと多種類の穴の寸法を合わせてすきま、あるいは締めしろを確保する』

「記号はどうなりますか」

『軸基準方式では上の寸法許容差に0として小文字のh記号を付けている』

「これはあまり使わないから覚えなくてもいいですか」

『無理なく覚えられるよ。次はこれらをどう選ぶかだ』

寸法許容差（JIS B 0401 抜粋）許容差

（単位 μm）

<table>
<tr><td colspan="21">域　ク　ラ　ス</td></tr>
<tr><td>g5</td><td>g6</td><td>h5</td><td>h6</td><td>h7</td><td>h8</td><td>h9</td><td>js5</td><td>js6</td><td>js7</td><td>k5</td><td>k6</td><td>m5</td><td>m6</td><td>n6</td><td>p6</td><td>r6</td><td>s6</td><td>t6</td><td>u6</td><td>x6</td></tr>
<tr><td colspan="2">−2
−6　−8</td><td colspan="5">0
−4　−6　−10　−14　−25</td><td>±2</td><td>±3</td><td>±5</td><td colspan="2">+4　+6
0</td><td colspan="2">+6　+8
+2</td><td>+10
+4</td><td>+12
+6</td><td>+16
+10</td><td>+20
+14</td><td>—</td><td>+24
+18</td><td>+26
+20</td></tr>
<tr><td colspan="2">−4
−9　−12</td><td colspan="5">0
−5　−8　−12　−18　−30</td><td>±2.5</td><td>±4</td><td>±6</td><td colspan="2">+6　+9
+1</td><td colspan="2">+9　+12
+4</td><td>+16
+8</td><td>+20
+12</td><td>±23
+15</td><td>+27
+19</td><td>—</td><td>+31
+23</td><td>+36
+28</td></tr>
<tr><td colspan="2">−5
−11　−14</td><td colspan="5">0
−6　−9　−15　−22　−36</td><td>±3</td><td>±4.5</td><td>±7</td><td colspan="2">+7　+10
+1</td><td colspan="2">+12　+15
+6</td><td>+19
+10</td><td>+24
+15</td><td>+28
+19</td><td>+32
+23</td><td>—</td><td>+37
+28</td><td>+43
+34</td></tr>
<tr><td colspan="2" rowspan="2">−6
−14　−17</td><td colspan="5" rowspan="2">0
−8　−11　−18　−27　−43</td><td rowspan="2">±4</td><td rowspan="2">±5.5</td><td rowspan="2">±9</td><td colspan="2" rowspan="2">+9　+12
+1</td><td colspan="2" rowspan="2">+15　+18
+7</td><td rowspan="2">+23
+12</td><td rowspan="2">+29
+18</td><td rowspan="2">+34
+23</td><td rowspan="2">+39
+28</td><td rowspan="2">—</td><td rowspan="2">+44
+33</td><td>+51
+40</td></tr>
<tr><td>+56
+45</td></tr>
<tr><td colspan="2" rowspan="2">−7
−16　−20</td><td colspan="5" rowspan="2">0
−9　−13　−21　−33　−52</td><td rowspan="2">±4.5</td><td rowspan="2">±6.5</td><td rowspan="2">±10</td><td colspan="2" rowspan="2">+11　+15
+2</td><td colspan="2" rowspan="2">+17　+21
+8</td><td rowspan="2">+28
+15</td><td rowspan="2">+35
+22</td><td rowspan="2">+41
+28</td><td rowspan="2">+48
+35</td><td>—</td><td>+54
+41</td><td>+67
+54</td></tr>
<tr><td>+54
+41</td><td>+61
+48</td><td>+77
+64</td></tr>
</table>

出典：JIS B 0401、日本規格協会、1986年より抜粋

「どれでも好きなようにできないのですか」

『組み合わせに厳格な決まりはないが、機械の分野は常用はめあいを多く採用しているよ』

「だいたい決まった組み合わせを行うんですね」

『表に常用する穴基準方式のはめあいの一部を示そう』

「これを見てもどれを採用していいかわかりませんね」

『機械分野でも製造する製品の種類により組み合わせの採用が異なるから、従来まで製造してきたときの採用例や経験を把握しなければならないね』

「経験か。ソフトを使って簡単に図示するようなことは絶対に無理ですね」

『だから、うまくいかないのだよ』

「記号と実際の寸法許容差の関係はどうなりますか」

『全体の表はJISに規定されているから、そちらを見るように』

「図面の指示はどうしますか」

『例として50 mm寸法の穴基準のはめあいを示すと、50H7/m6、50H7－m6と描くんだ』
「これは穴にH7、軸にm6とそれぞれ分けて描いてもいいですか」
『もちろん。その描き方が多いよ』
「図面で指示してはめあいを決めた後、実際に現場ではめあいを行うときはどのような方法を採用するのですか」
『すきまばめの場合は何もないね。問題はしまりばめだ。いくつかの方法があって、穴を拡大させるんだ。アセチレンバーナで加熱するんだよ。高温に加熱した油中に浸積することもできる。新幹線の軸に車輪を挿入するときはこのような方法を採用しているんだ』
「軸は何もしないですか」
『0℃以下に冷却して寸法を収縮する方法を採るよ。ドライアイスや液体窒素を使用することがあるんだ』
「すごいですね。しっかりはまってしまうと外れないですか」
『しまりしろが大きいときは、まず外れないよ』

第2章

ねじの締結

第8話　繋ぐにはどうする
——ねじの役割

先生『君は手を繋ぐ機会はあるのか』
学生「いつも彼女と繋いでいますよ。手の平を合わせますね」
『機械の中で部品を繋ぐことは頻繁にあるよ』
「部品を繋ぐ方法はたくさんあるんですか」
『部品を繋ぐことや固定することを総じて締結と言うが、多くの種類があるんだ。その中で代表的な役割を演じる機素はねじだね』
「ねじは締結の代表ですか」
『そうだね。部品として使用するねじの役割は大きいし、原理が簡単であるうえに製造しやすいから汎用的だ』
「ねじの原理は何ですか」
『一般のねじは山と溝がねじれて軸方向に進んでいるね。階段の下から重量物を上に押し上げるときは、1段ごとに上に引っ張り上げていいけど、それは大変大きい力が必要だ』
「階段を止めて斜めの坂をつけたらいいですよ。坂の上を滑らせて上げていくことができます」
『ご名答。用紙に水平の基準線から斜めの線を引いて三角形の切り紙を作ってみればわかるよ』
「水平を基準にして巻くんですね。そうすると斜面部がねじ状になります」
『今日は冴えているね。ねじの原理がそれだ。ねじは斜面を進んで、軸方向に移動するんだね』
「ピラミッドの建設時にも、斜面を使って大きい石を上に移動したと言われてますね」
『大阪城の石垣の建設も同じ方法だ。ところで円筒に同じようにらせん状のねじを加工すれば、ねじの原形ができあがる』

「でも、切り紙の斜線のこう配は決まっていないから、円筒に加工するときのらせんは一定ではありません」
『それを決めたら一定のねじが成り立つようになるね。変動するファクターは円筒の直径、らせんが進むピッチだ。ねじの形もある』
「共通になるようにすることですね」
『ねじの規格を作り標準化すればいい。すでにたくさんの規格があるよ』
「ねじは山の大きさや溝の深さも決めなければなりませんね。でも繋ぐときはどうするんですか」
『ねじは軸（棒）に加工するときがおねじ、穴に加工するときがめねじだ。基準は同じ円筒を想定すればよい』
「そうかあ。そうすればおねじとめねじを組み合わせて繋ぐことができますね」
『ますます冴えていね。そこで、ねじを分析してみると、円筒の直径が外径で円筒に加工したねじの外径と同じだね。これをねじの呼び径というんだ。ねじを加工した溝の直径は谷の径とし、ねじ山の丈（高さ）のほぼ半分の位置の直径を有効径と定めている』
「めねじはどうなりますか」

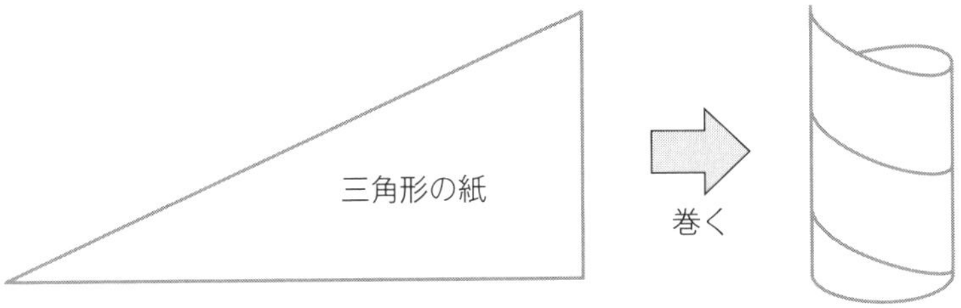
三角形の紙
巻く

これがねじの
基本じゃ
なるほど

ねじの各部の名称

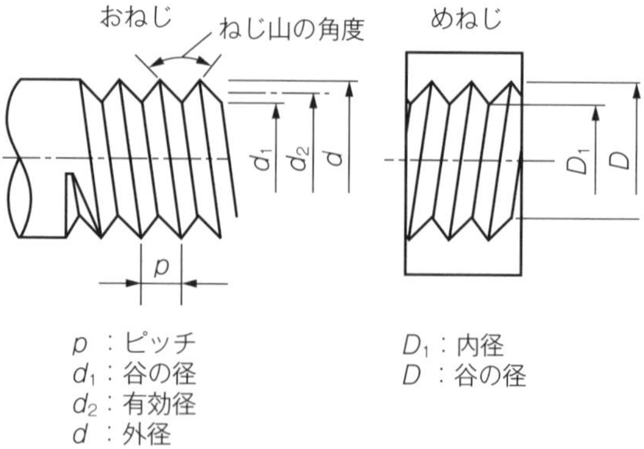

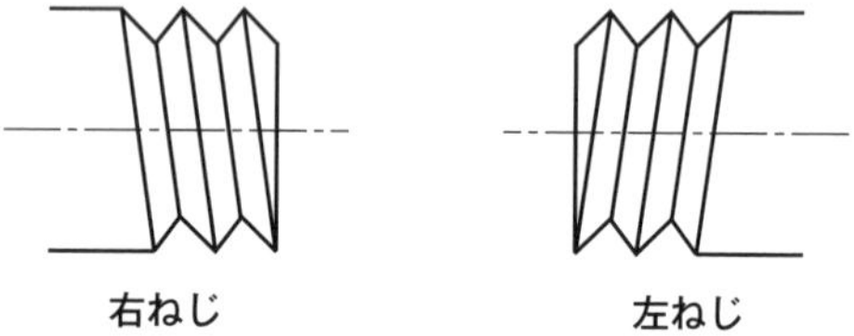

『それは外径が谷の径、おねじの谷の径が内径と逆になるんだ』

「ねじの名称ですね。断面を見るとねじの山が並んでいますが、山と山の間隔も決めなければなりません」

『基本の名称だから覚えておくことだね。ねじの山と山の間隔（溝と溝の間隔も同じ）をピッチと決めている。次はねじの方向だ』

「方向がありますか」

『君たちのオツムのつむじの方向は左かな』

「違いますね。右ですよ。でも某君は左です」

『ねじにも右、左があり、前者が右ねじ、後者が左ねじだね。何も指示がないときは右と思っておけばいいよ』

「形でわかりますか」

『ねじの方向と同じ回転をさせたときに進む方向でわかるんだ。右回転したとき軸方向に進む（締まる方向）のが右ねじで、左回転したときに進む（締まる

ねじ山の種類

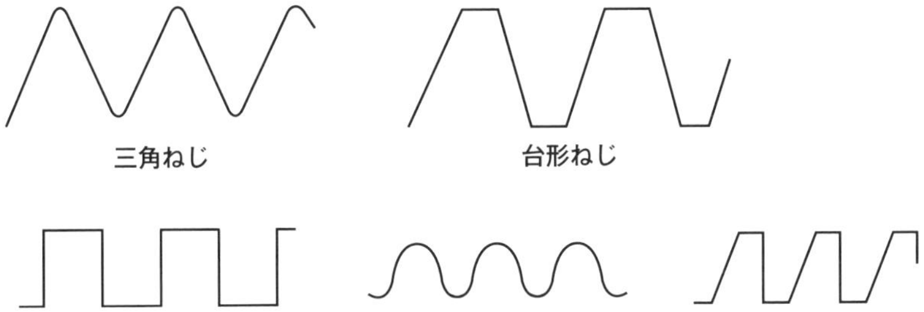

方向）のが左ねじになるんだね。ねじを1回転したとき、軸方向に進む距離をリードと称しているよ』

「右ねじと左ねじとは繋げませんね。どうして左があるんですか」

『ねじで繋いだあとにゆるむと安全ではなくなるね。ねじで繋いだ部分がゆるむ方向に外力がかかるときがあれば、それを未然に防止するようにねじ方向を変えて使う例があるんだ』

「たとえばどんな」

『トラックの車輪を固定しているねじは、右車輪と左車輪にかかる外力が逆になるから、左ねじを使っているから確認してみたまえ』

「なるほど。小型の自動車は全部右ねじですが、重機械などではそうするんですね」

『さあ、次はねじ山の形だ』

「ねじの山は尖《とが》っていて三角形ですが、ほかにあるんですか」

『一般に最も多く使用する形は三角ねじだ。ほかには重機械に使用する台形ねじがあり、強い力を受けることができるよ。もっと強い形は角ねじ。これらは製鉄機械などに使用する。次は、丸ねじで、小さい部品に使っている。のこ歯ねじという特殊品もあるよ』

「角ねじは見たとことがあります。街でおっさんが煎餅焼き機のハンドルを回して米を焼いていました。その心棒が角ねじでした」

第9話 締め付けアラカルト

——ねじの種類

「先生。多情ねじとは何ですか」
『それは多条ねじのことだね。ねじの形の種類ではなく、ねじ数のことだよ』
「ねじ数とは何ですか」
『三角形の切り紙を想い出してみてごらん。斜面のこう配は大きくなれば、円筒の周り1回転で軸方向に大きく進んでしまう。そうすると、ねじとねじの間隔、すなわちピッチが大きくなり、ピッチ間にはねじが存在しない形になる』
「円筒に1本のねじが走っているだけですね」
『その通り。その平面部にもねじを設けたら円筒の周囲はねじで全部埋まってしまうんだ。1本のねじ、これが普通だが、2本が2条ねじ、数本を作った場合に多条ねじと言っている』
「そうすると多条ねじの場合、それぞれのねじは別々の山（溝）ですね」
『三角形の切り紙を大小の相似形で造って巻いてみるとわかるように、斜面部が異なってそれぞれのねじができるはずだ。このねじの数で○条ねじと言うんだね。またねじを1回転したときに進む距離をリードというんだ』
「そうすると多条ねじは1リードの中に多数のねじが存在して同間隔でピッチを形成するというわけですね」
『そうだね。多条ねじはリードを大きくして、ねじを少し回転したとき軸方向に大きく進ませる目的があるんだね』
「どんなところに使用されてますか」
『1回転で大きく進むから緊急用の扉の締め付けや、日用品ではインスタントコーヒーの蓋も少ない回転で締め付けができるようになっているものもあるね。さあ、次はねじにはどんな種類があるか説明しよう』
「ねじの種類は締め付け以外の用途があるんですか」
『ねじは締め付け用、摺動用（いつも正逆回転しながら滑らせて使用）、取り

2条ねじ

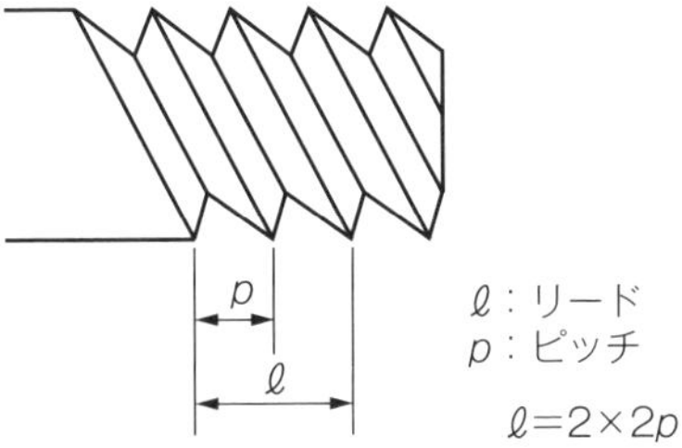

付けを容易にする目的などがあるんだ』

「使い分けるために、独特の形があるんですね」

『それを表にまとめたから概要がわかるだろう。三角ねじは代表がメートルねじで、ねじの直径とピッチがミリメートルで決められている。さらにピッチの大きさで並目と細目を造り分けていて、後者は軸受など使用中にゆるまないようにピッチを小さくしているんだ』

「メートルねじで合わない種類があります」

『それはインチサイズで造ったユニファイねじだよ。アメリカやイギリス系のねじだが、使う頻度は少なくなってきているね。ウィットねじも類似品だ』

「インチサイズは減少しているんですね」

『そう。ほかに管用《くだよう》ねじがあるよ。水やガスを流す管を連結するときに使っている特殊なねじだ』

「メートルねじでは、できないのですか」

『ゆるみ防止と漏れを少なくするようにねじの形を変えているんだ。前者はねじ部が普通の平行型だが、漏れ防止を優先するときは、ねじ部をテーパにしているよ』

「なるほど、テーパにして漏れ防止をしているんですね」

『それにテーパ部にシールテープを挟んでいるからね。次は、台形ねじだ。強力な軸方向の伝達力を要求するときに使うんだ。角ねじも同様だね。ただし台形ねじは角ねじより加工精度の確保が容易だから、比較すると多く使っているよ』

ねじの種類

<table>
<tr><th colspan="3">ねじの種類</th><th>特　徴</th></tr>
<tr><td rowspan="6">三角ねじ</td><td rowspan="2">メートルねじ</td><td>並目ねじ</td><td>通常の締め付け用ねじ</td></tr>
<tr><td>細目ねじ</td><td>並目ねじよりピッチが小さく軸受や車輪など振動によるゆるみ防止や気密保持用として使用する</td></tr>
<tr><td rowspan="3">ユニファイねじ</td><td>ユニファイ並目ねじ</td><td>ねじ径とピッチをインチで表わす並目ねじ</td></tr>
<tr><td>ユニファイ細目ねじ</td><td>上記と同様で、特にゆるみ防止用として航空機に使用</td></tr>
<tr><td>ウィットねじ</td><td>イギリス規格品でインチねじと言う。使用減少</td></tr>
<tr><td>台形ねじ</td><td colspan="3">軸方向の伝達力が大きいときに使用する運動用ねじである。メートル系とインチ系がある</td></tr>
<tr><td>角ねじ</td><td colspan="3">台形ねじと同様の目的であり、特に伝達力が大きいときに使用するが加工が難しいため JIS 規格に定めていない</td></tr>
<tr><td rowspan="4">特殊ねじ</td><td>丸ねじ</td><td colspan="2">電球のソケット部のねじに用いる</td></tr>
<tr><td>自転車用ねじ</td><td colspan="2">自転車専用ねじに使用</td></tr>
<tr><td>ミシン用ねじ</td><td colspan="2">ミシン専用ねじに使用</td></tr>
<tr><td>ボールねじ</td><td colspan="2">工作機械の親ねじに使用し、高精度な位置決め、耐摩耗、高効率摺動ができる。ねじ棒とナット間にボールを挿入した組み合わせ型になる</td></tr>
</table>

「どんなところに使いますか」

『ジャッキ、プレスなどは軸方向に大きい力が必要だからね。旋盤の親ねじも同様だから観察してみてごらん』

「水門の開閉に使うねじはどうですか」

『その通り、台形ねじを使っているね。角ねじも使うことがあるけど、その長所はゆるみがないことだね』

「のこ歯ねじがあります」

『プレスは片方向に大きい力が必要だね。同様な器具に万力がある。これらは軸方向に強い力で締め付けたらゆるまない工夫がいるんだ。そうすると台形ねじで締め付けして、ゆるまないようには角形にすればいいから、結果としての

ねじのピッチ①

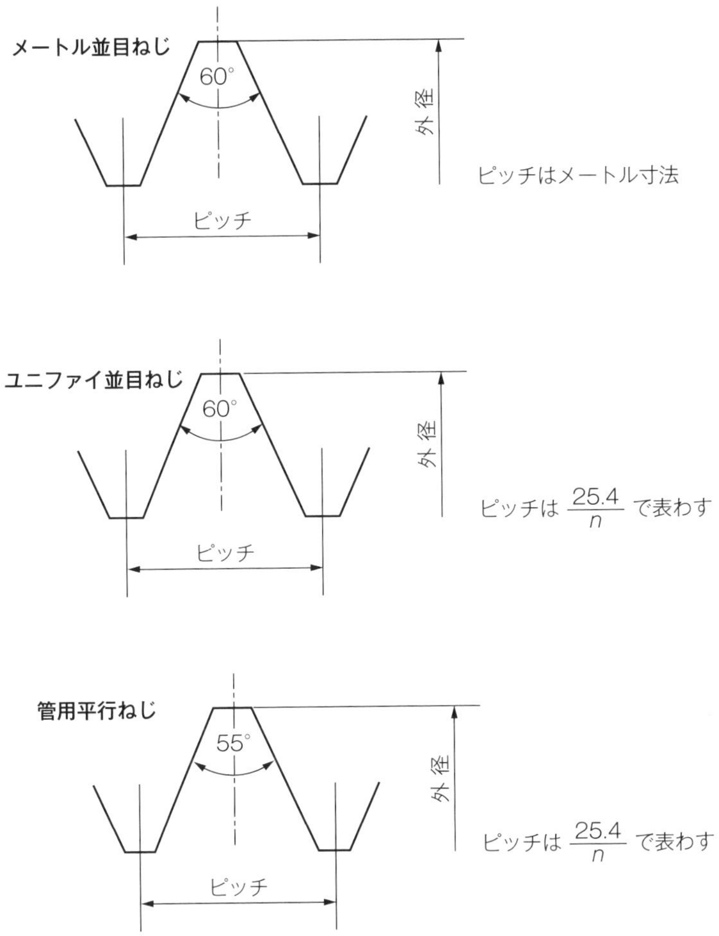

こぎりの歯の形にしているよ』

「丸ねじはどうですか」

『特殊なねじの形があって、丸ねじは電球のソケットの形だ。ほかには自転車専用ねじ、ミシン専用ねじなどがある。まだまだあるけど、これくらいにしておこう』

ねじのピッチ②

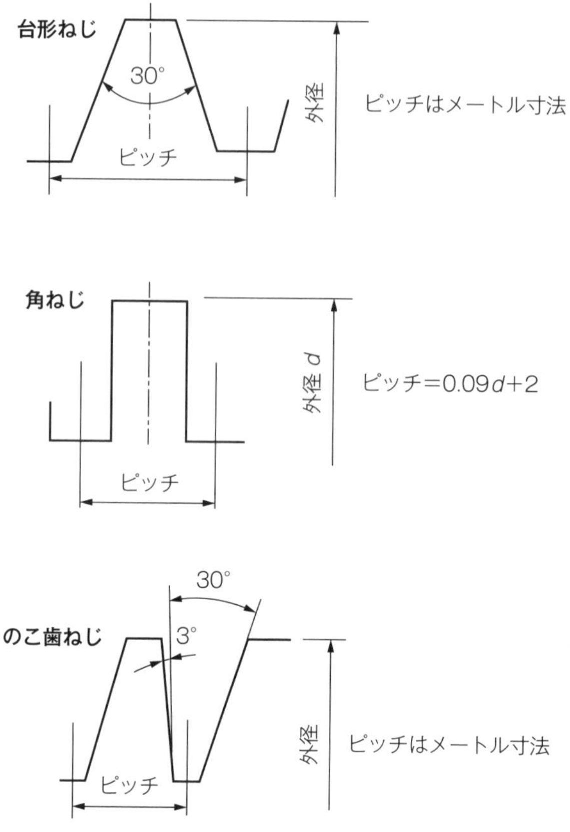

「最近、NC旋盤に装着している特殊なねじを見ました」
『そうそう。ボールねじと言っている。長いねじ棒が回転すると、めねじのナット部分が移動して位置決めできるという構造なんだ。ねじ棒のねじとナットの間に摺動を円滑にし効率を上げて摩耗を防止し、精度を高めるためにたくさんのボールを挿入している』
「ボールの大きさはいろいろありますか」
『そう。パチンコができるほどの大きさもあるよ』
「で、でかい～」

第10話 ねじを計る

――ねじの精度

「ねじの加工精度の計測はどうしますか」

『加工精度は多くの項目があるけど、まずリードだね』

「専用の測定器が必要ですね」

『簡単に計るには、高精度の旋盤に載せてねじのリードと同じ送りでねじ面を走らせると誤差がわかる。加工した同じ旋盤では駄目だよ』

「そうすると測定する旋盤の精度が基本になりますね」

『それが無理なら、専用のリード測定機器が必要になるね。たとえば歯車測定器でも可能だね。ねじれ歯車のリードを測定するときと同じだよ』

「リードはわかりますが、ほかはどうなりますか」

『ねじの形状が大事だね』

「三角ねじではその山あるいは溝の形状ですね」

『そういうことだ。測定する前にねじの加工を考えてみたかい。どうやって三角の山に加工するのだろうか』

「溝を加工しますね。そうしてねじ山ができる。でも溝は……。バイトをどうしますか」

『ねじの溝に合わせた形のバイトをこしらえるんだ。あるいは溝加工専用のバイトが市販されているが、機械工場では工具研削盤を使って、ねじ用のバイトを製作しているね』

「それがねじのマザーの形状になりますね」

『ねじ加工用のバイトは、造る過程で形状測定器（投影機など）にバイト刃先の形状を拡大して写しながら精度を上げている』

「ねじの大きさはたくさんありますが、すべてそうやって造っていますか」

『そう。だから大変だし、工具研削盤を使って造る作業者は高度な熟練技術を持っているんだ』

ねじの計測

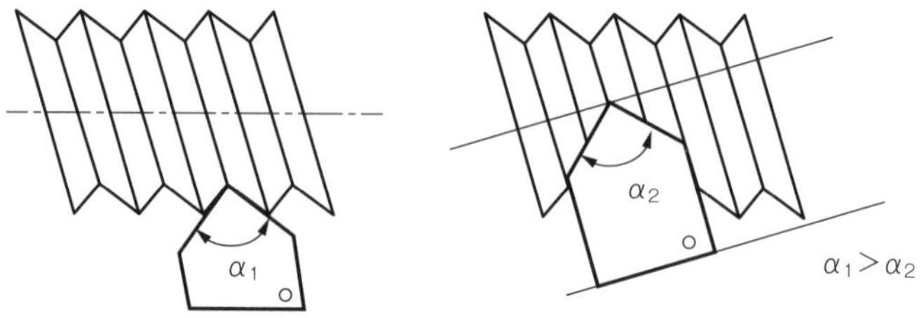

α：ねじの角度
軸心方向に角度を合わせる

軸直角ねじ計測とゲージ

α：ねじの角度
ねじ山の角度に合わせる

歯直角ねじ計測とゲージ

「ねじを加工する機械は旋盤だけではないでしょう」
『大型面旋盤や軸旋盤、それに中ぐり盤もあるから、それぞれに合うバイトを造るんだ』
「ねじを加工するときにはバイトの準備が精度を決めますね」
『そのバイトでねじ溝を切削していくと形状ができる』
「しかし、加工した後の精度のチェックはどうしますか」
『いいところを突いているね。それは重要だ。加工する途中や加工完了後はねじゲージで合わせて確認するんだ』
「ねじゲージがあるんですか。その精度はどうなりますか」
『ねじゲージは薄板に高精度の角度器やブロックゲージを使ってねじ形状を線引きしたあと、外形を削り出して造るんだが、これが検査するマザーの器具になる』
「するとねじの直径、ねじの大きさなどで変わるから多くのゲージが必要になりますね」
『それが機械メーカーの技術の蓄積になるよ。そこでこのゲージでねじ形状を合わせて光に当てるとわかるね』
「合わせ方はねじの軸方向と同じですか。ねじはねじれているから形状が変わりますよ」
『その通りだ。実際はねじ方向に対して直角に当てるんだよ。この方法は軸直角方式と言うけど、軸と同じ方向に合わせたいなら軸ゲージの溝あるいは山の角度が小さくなるから、修正したゲージを製作して使わなければならないね』
「そうかぁ。かなり繊細ですね。どちらがやりやすいですか」
『ゲージに合わせるときは軸方向に合わせる方式がやりやすいね。それを基準作業にしているところが多いよ。軸直角は当て方で誤差が出やすいから』
「工場に合う方法を決めたらいいですね」
『そうだ。ゲージ合わせによる方法はウォーム軸を造るときと同じだね』
「三角ねじ以外の台形や角の場合もそうしますか」
『当然だね。ゲージは最終の精度を確保するために重要だから、ゲージ造りは国家資格の機械加工技能士１級を持つ超ベテランが造っているよ』
「最終のゲージ合わせだけではなくて、加工する途中からゲージに当てながら切り込んでいくんですね」
『何度も何度もね。しかし、上手になれば切込みは旋盤の目盛りを見ないで切り屑（切り子）の大きさで判断しているよ』
「切り屑を見て、切込み量を推定するんですか」
『そうだね。だって熟練者は丸物の外径を加工するときの切込みはそうするし、外径寸法の測定もマイクロメータは使わないで、外パスだけだね。ねじ加工はおねじより、めねじ加工が難しいんだ。穴の直径が大きいときはバイトを使って進めていくけど、そのときのゲージ合わせや切込みの加減が難しいね』
「そうですね。でも小径ではどうしますか」
『それはタップ加工だね。おねじの形をしたタップという切削工具を穴に入れて加工するんだよ。荒、中、仕上げのタップを順に入れてね。潤滑用にグリースを使っているよ』
「見たことあります。機械で加工するときと、小さいめねじは手でタップを回していますね」
『切り屑がタップに巻き込まれないようにすることが加工のポイントだね』

第11話 どこにどう使う

——ねじの利用

「ねじの精度は山と溝の形状だけですか」

『ほかにはねじ面の粗さや、多条ねじではピッチ精度があるね』

「面の粗さはどうなりますか」

『ねじを旋盤で加工したときは切削条件により面の粗さに影響を及ぼすんだ。たとえば、切込みを大きくすると粗さが大きくなってしまう』

「その対策はありますか」

『ねじを研磨すればよい。これがねじ研削で、特に精密品に応用しているよ』

「ピッチ精度は多条ねじを加工するときに生じやすくなるでしょう。これは旋盤加工時の切込みの位置を目盛りで決めたらいいですね」

『そうなるね。まず狂うことはないだろう。さて、ねじの代表的な使用例はボルトとナットだね。そのボルトとナットの使い方にはどんな例があるか、知っているかね』

「部材を挟んで締め付けるときに部材の双方にボルトが入る穴（通し穴）をあけ、そこにボルトを通してナットで締め付けますね」

『その通し穴はボルトの呼び径（外径）によって大きさをJISで決めているんだ。締め付けの例は通しボルトと言って一番使っている。ほかにはあるかね』

「締め付ける先の部材にねじを深く加工しておき、一方、そこに締め付ける部材に通し穴加工して合わせて、ボルトを入れたら下の部材のねじで締め上げる方法がありますよ」

『それは押さえボルトと言うんだ』

「頭がないボルトがありますよ。そこにナットをはめています」

『よく知っているんだね。頭がないボルトはタイボルトと言うけど、両端にねじを加工しただけのボルトだね。頭の役割はナットだ。この方法で押さえボルトと同じ方法で使うことができるよ。これが植込ボルトだ』

ボルトの使用法

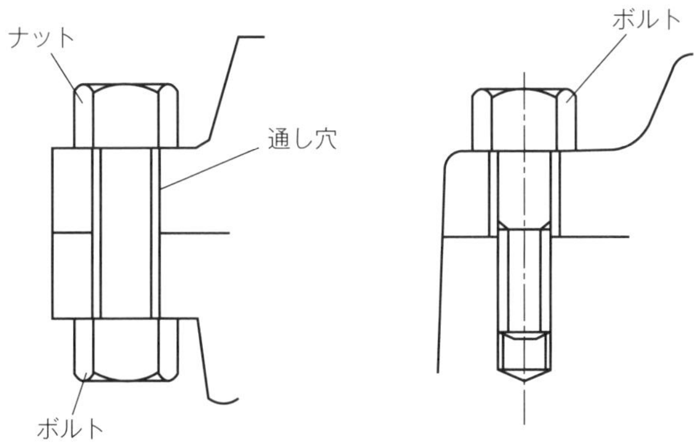

通しボルト　　押さえボルト

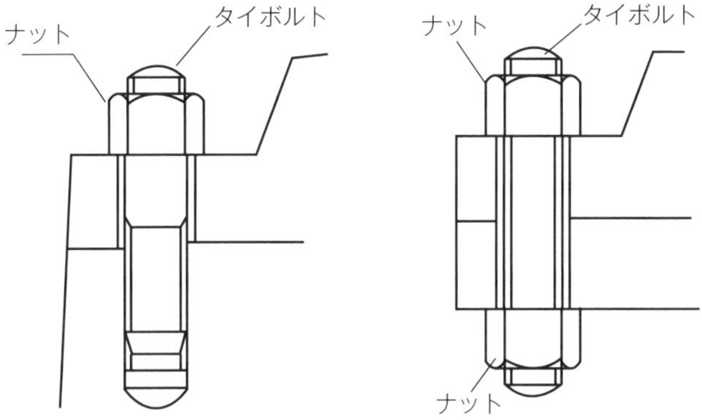

植込ボルト　　両ナットボルト

「ボルトの頭をなくしてナットを使う意味は何ですか」
『植込ボルトはねじで締め込んだあとでも、ボルトはそのままにしておいて、上の部材をときどき取り替える際に便利になるようにナットだけを外して使うんだ。そうすれば下のねじ部が傷まないし、ナットが傷んだときも取り替えが効くんだね』
「なぁーるほど。ほかは知りません」
『最初に説明したときと同じ用法に際に、通しボルトと同じ要領でタイボルトにそれぞれナットをつけて締め上げる方法もできるよ。両ナットボルトと言う

ボルト、ナットの端部の面取り

んだ』
「これもナットが傷んだら取り替えができますね」
『そうだね。わずかだが、締め込む際にナットの六角の角度を調整できるんだ』
「構造上の対策ですね」
『構造が狭い箇所などに利用している』
「ボルトとナットの使い方はわかりましたが、ときどきねじがはまりにくいときがありますよ」
『それはボルトのねじ端部が尖っていたり、ねじに切削したときのカエリ（めくれ）がなどがあればそうなりやすいんだね』
「ボルト端部の問題ですか」
『そうだね。だからナットも同じだ。ねじの両端部に C あるいは R 面取りすることだね』
「そうすればスムーズにはめあわせられるというわけですね」
『そう。ところで君たちはボルト頭やナットを締めるときは何を使うんだ』
「モンキースパナです」
『できればめがねスパナやソケットレンチを使う方がいいよ。六角の対角辺が傷まないからね』
「どうしてモンキースパナは使わない方がいいんですか」
『モンキースパナはねじが傷みやすくてガタがきやすいんだ』
「使い方が悪いからでしょう」
『それでは君たちはモンキースパナはどちらの方向にも回転して締め付けているんだ』
「締め付けに方向がありますか」

『それだよ。モンキースパナのねじは回転方向により圧縮と引張りを受けるからね。ねじは引張りに弱いからいつも圧縮がかかる方向に回転しなければならないよ』
「引張りだとガタがきやすくなるんですか。でも機械実習の先生はどちらにでも回転していますよ」
『実践的な機械の技量を教える人が少なくなってきているんだね。教育には現場を経験した方が必要だが……。機械工業界の危機だね』
『締め付けたあとの検査はどうしているんだ』
「力の限り締め付けたらそれでいいでしょう」
『人は力の強弱があるからね。そんなときはトルク測定器を使うんだよ。締め付け力がわかるんだ』
「そんなのがありますか。便利ですね」
『簡単な方法では、ナットをハンマーでコツンと叩けば締め付け状態がわかるんだ』
「音を聴くんですか」
『君たちの頭を叩けば熟れ具合がわかるのと似ているね。試してごらん。この技能も経験した人は締め付けの良否がわかるんだ』

トルクレンチには
シグナル式や
直読式などがあるんだ
トルクレンチで
トルクを計るん
ですね

第12話 こんな使い方も
――ボルトナットの用法

『ボルトの使い方で重要な例があるよ。2つの部材の位置決めだ。2つの部材はボルトで締め上げるとき、ボルトの呼び径と通し穴の間に隙間があるね。すなわち通し穴はボルトの呼び径より大きくしている』
「どうして大きくしているんですか。呼び径と同じにすればいいけど」
『それは合わせるときに通し穴を大きくしておかないとボルトが容易に入らないからね』
「そうかぁ。2つの部材の通し穴は別々に加工するから合わない場合もありますね」
『2つの部材は1度締め付けてもう分解することがないとしたら、それでよいことになるけど、組立後に分解する場合が出てくるんだ。たとえば修理などがあるね』
「そうすると2度目にはめあわせるときに、ボルトの呼び径と通し穴間の隙間分だけ位置がずれてしまいます」
『それをなくすために最初に締め合わせたときの位置の目印を付けておけばいいけど。たとえば側面にたがねでキズをつけるとか』
「でも1mmぐらいずれることも出てきますね」
『そんなときにリーマボルトを使うんだ』
「リーマボルトはまた別の六角ボルトですか。違いはなんですか」
『リーマボルトはねじを加工していない呼び径部の寸法精度を高くしているんだ。寸法の許容差と粗さだね』
「そうすると旋盤では精度を高く加工しなければなりませんね」
『研磨するときもあるんだね。粗さも小さくしている』
「でも肝心の部材の通し穴の寸法はどうなりますか」
『そこだ。部材は2つ（あるいは3つ以上もある）の部材を仮のボルトで重ね

リーマボルトの使用法

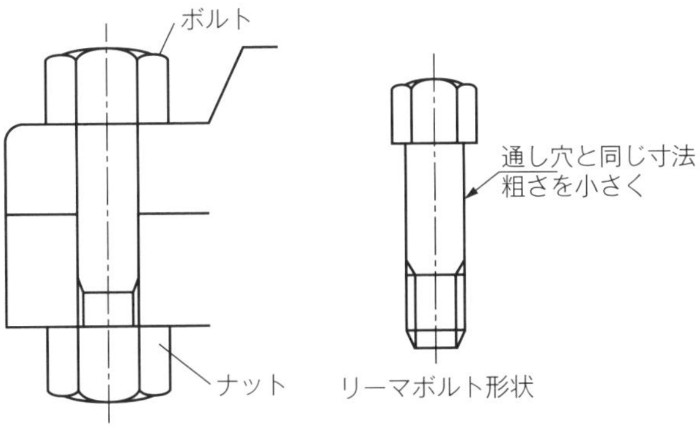

て締め付けたあと、リーマボルトを入れる通し穴をリーマという切削工具で同時加工するんだ』

「ドリルで加工したままでは寸法精度が出ないし、粗さも大きくなりますよ。そこに精度が高いリーマボルトを入れるなんてもったいないですし、ガタが出ますよ。リーマ加工はどうしますか」

『その通りだ。だからドリルの切削では粗加工して取り代を残しておき、そのあとリーマでわずかな加工代を除去するんだ。リーマは寸法が高精度のドリルで、100分の1 mm台の加工ができるよ』

「そうすると寸法精度、すなわち寸法の許容差と粗さが確保できるんですね」

『しかも同時加工だから、2つの部材は加工後に分解してもよい。必ず合うようになるんだね』

「結局リーマ加工した通し穴に、リーマボルトを通すと2つの部材の位置が決まるわけですね」

『でも2つの部材の合わせ面は1カ所だけだと、リーマボルトで締め付けてもそこを中心に部材が回転する力が働くとずれてしまうから、少なくとも2カ所締め付ける必要があるよ』

「そうですね。するとリーマボルトの役割は締め付けもできるし、位置決めができる2つの機能を持つわけですね」

『設計ではそのようなことは重要なこととしてあまり考えないから、現場から

テーパピンの使用法

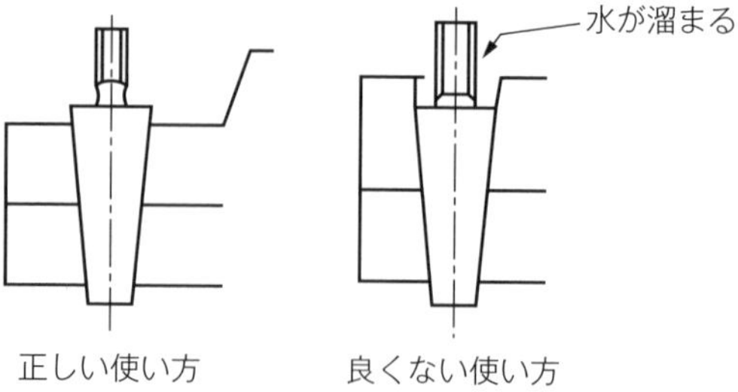

提案しなければならないね』
「でも多くのリーマが必要になりますね」
『それが機械工場の能力の蓄積になるよ。しかし、このリーマボルト方式は手間がかかるから別の位置決めもあるんだ』
「なんだぁ。それを早く言ってくれないと。それは簡単ですか」
『ノックピン方式で位置を決めるんだ』
「たがねで刻んだ印の位置決めと同じですか」
『2つの合わせる部材間にテーパピンを入れるんだ。締め付けの役目はないから位置決めだけだね。ノックピンとも言っているよ』
「テーパはどれくらいですか」
『テーパピンは位置決めが確実で、しかも分解しやすくするためにテーパを50分の1にして外面を精密に加工している。研磨がよいね』
「2つの部材を合わせて同時に穴を加工するんですね。そのときはテーパのピンが入るように、やはり穴はテーパに加工しなければならないですね」
『そのための専用の切削工具があるんだ。下穴を荒加工したあと、仕上げにテーパリーマで仕上げるんだ』
「リーマはテーパもあるんですね。そのあとテーパピンを入れるんですか」
『そう。入れることをテーパピンを打つと言うんだ。しっかり打ってテーパがしっくり合ったとき、確実に位置が決まるんだね』
「これも少なくとも2カ所必要ですね。しかし、取り除くときはどうしますか。しっかり食い込んでいますよ」

テーパピンの取り方

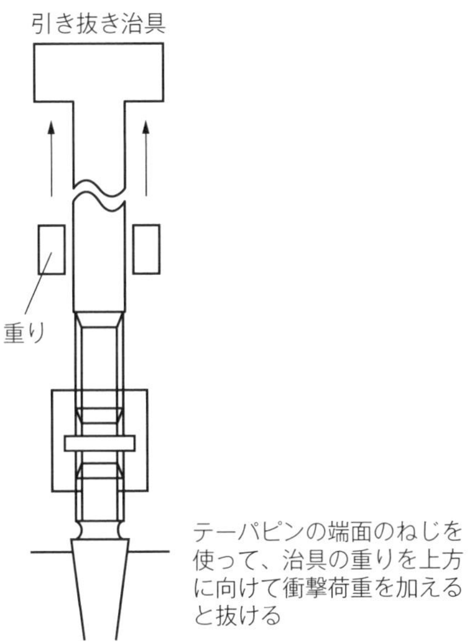

テーパピンの端面のねじを使って、治具の重りを上方に向けて衝撃荷重を加えると抜ける

『テーパーピンは端面にねじを加工しておくので、そのねじを使って引き上げるんだね』
「そのためのねじですか。テーパピンの直径が小さめに仕上がると打ったときに深く沈みますね」
『そうなるね。さらにピンの端面は上の部材の面より少し出ていた方がいい。水が溜まらないようにね。抜くときはねじを使って、引き抜き治具の重りの衝撃で叩けば除去できるよ』

第13話 締め付けたら痛いよ

——座金で面の保護

「座金って何の目的で使うんですか」

『ボルトにナットを締め付けるときは必須だね。一般にはナットの下に挟み込むんだ』

「必要性は何ですか」

『通し穴が大きくなるとナット端面のかかりの面積が少なくなるから座金で補うんだ』

「通し穴を小さくすればいいでしょう」

『そうすればボルトが通りにくくなるからね。ほかの目的として、ナットの下の部材の面が粗い場合があるんだ。特に鋳物や製缶物の表面はそうだから、座金を敷いて滑らかな座金面に締めることになるんだね』

「本当は部材の面を加工して粗さを小さくすればいいのですね」

『そうすると余計な費用がかかるしね。ほかには軟らかい部材を締めるときにナットが陥没してしまうことがあるから座金で受けるんだね』

「そう言えばゴムパッキンなどには必ず座金を使っています」

『座金にもいろいろな形があり、代表は平座金だ。多くは丸形だが角形もあって寸法と使用するナットとの関係をJISに規定しているよ』

「平座金は5円玉の穴が大きい形ですね」

『そうだね。次はばね座金だ。ばね座金は平座金より厚く造り、円周の一端を切断して軸方向に少しねじっている』

「それをナットの下に敷くとばねの力でナットが浮き上がりますね」

『そうするとナットが軸方向に拘束されて回転できなくなるから、締め付けたあとナットのゆるみを防止できるんだね』

「そんな役割があるんですか」

『平座金とばね座金を使い分けてナットを回してみてごらん。意外にも指の力

ばね座金の使用例

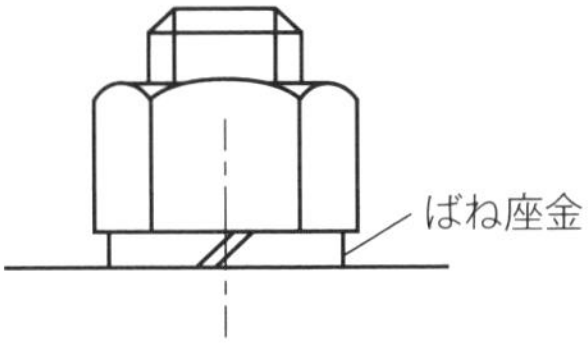

座金の種類

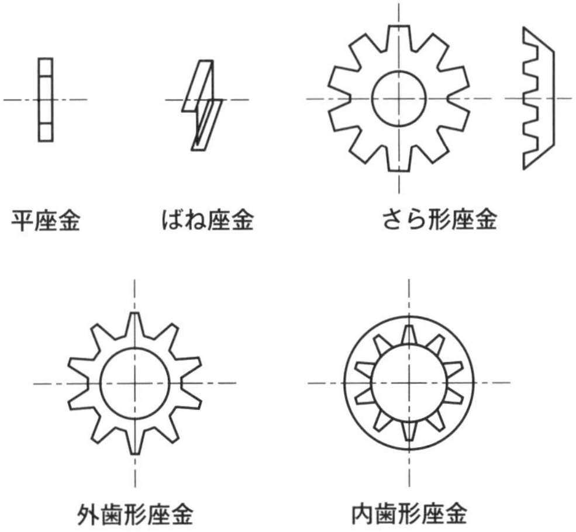

ではナットが回らないよ』

「ばね座金を使ったときはナットはいつも軸方向に力を受けたままになっているんですね」

『ボルトの頭の下には座金を敷かないんですか』

『一般には敷かないね。しかし、上に述べたように通し穴が大きいときや、部材の種類によって入れるときはあるよ』

「ばね座金を何枚も重ねたらナットのゆるみ防止が確実になりますか」

『それより、ばね座金のねじれを大きくした方が効果が出るだろう。でもあまりねじりすぎるとナットをはめられなくなるよ』

「限界がありますね」

『座金にはほかにも種類があって使い分けているよ。さら形座金がその１つだ。この座金の形はお皿のような形だね』

「そうするとやはりナットのゆるみ防止用ですか。締め付けたら、さら部分がばねの役目を果たすんではないですか」

『そうだよ。ばね座金より強力になるんだ。しかも外周に歯を設けているよ』

「外周の歯は何の役目ですか」

『ナットが回転しようとするときに歯が食い込んで止める作用があるからね。

歯はエッジになっているよ』
「さら形座金は回り止めの役目があるんですね」
『ほかに、歯形座金といって内歯形座金と外歯形座金、さらに内外に歯を持つ内外歯座金の３種類があるよ』
「同じように使うんですか」
『さら形ではないけど、座金を敷き、ナットを強く締めたら、歯をナットの六角面のどこかの面に合う１カ所を曲げて合わせるんだ』
「そうするとナットは回転できなくなりますね」
『ところでスパナやレンチでナットを締めるとき、最近はエア式の専用工具を使う頻度が多くなっているんだね。バリバリーッという音がするだろう。あれだ』
「ディーラーでは車の車輪のナットもそれを使って締めていますよ」
『それで安心かい』
「どういうことですか」
『手を使って締め込んだらおおよそ締めたという認識があり安心できるけど、エアだけに任せられるかということだよ』
「でも締まっていますよ」
『工場で量産物の締め付けをエア式の工具を使用して締めていたんだ。抜き取りで締まったかどうかをハンマーで叩いて検査していたけど、客先に納入したあと、締まっていないとクレームを受けたんだ』
「原因はエアでしたか」
『エア式工具を確実に使いこなすことは圧力の維持が必須だよ。エア圧力で締め込み力が生まれるんだね。昼休みに工場全体に配圧している空圧用コンプレッサーを止め、午後からのスタートに再運転していたんだが、作業場ではすぐエア式工具を使って締め込んだんだね』
「そのときはまだ圧が正常値に回復していなかったんですか」
『コンプレッサーから送る圧がまだ下回っていたんだ』
「作業は標準ですが、圧力計を見ながら進めないといけないですね」

第14話 ゆるんだら大変
——ゆるみ防止

『ゆるむというのは何でもよくないね。パンツのゴムがそう』
「でも冬の寒さがゆるむことはいいですよ」
『それはゆるみ違いだ。そこで、ナットのゆるみ防止は非常に重要で、安全に関わるから確実にしなければならないんだ』
「私のベンツの車輪のナットがゆるんだら大変です」
『ベンツという名前の中古の軽かね。ゆるみ防止にばね座金や歯形座金を使う例を説明したけど、それでも充分ではないんだね。もっと確実な方法があるんだ。ナットを締めることはその反面、ゆるみ防止の歴史でもあるんだ』
「ゆるみを防止する対象もいろいろな事例があるんですか」
『軸受に使うナットのゆるみ防止は菊座金を使うんだ。軸受は軸受ナットを使用していて、外周には4カ所の切込みがあるから、菊座金を挟み込んだあと、切込み部に合う箇所の突起を折り曲げて固定するんだね。そうするとナットが回らなくなる』
「ナットと異なって特殊な事例ですね」
『分解組立を何回も行うときは、突起部が傷むから別の突起を使えばいいよ』
「ボルトに使うナットのゆるみ防止はどうですか」
『舌つき座金があるよ。舌は1カ所あるいは2カ所ある。いずれも折り曲げてナットの六角面に合わせるんだ。ちょうど合うように円周方向に回しながらナットを締めたらいい』
「歯つきや菊座金と原理は同じですね。でもこの折り曲げた舌の強さより大きいゆるみ力が生じたら防止できませんが……」
『その場合はもっと厚さがある強い板を挿入し、面に合わせて曲げたらいい』
「要するに曲げ座金ですね」
『曲げ座金が駄目なら割ピンを用いる方法があるよ。ナットを締め込んだとき、

ゆるみ防止の方法

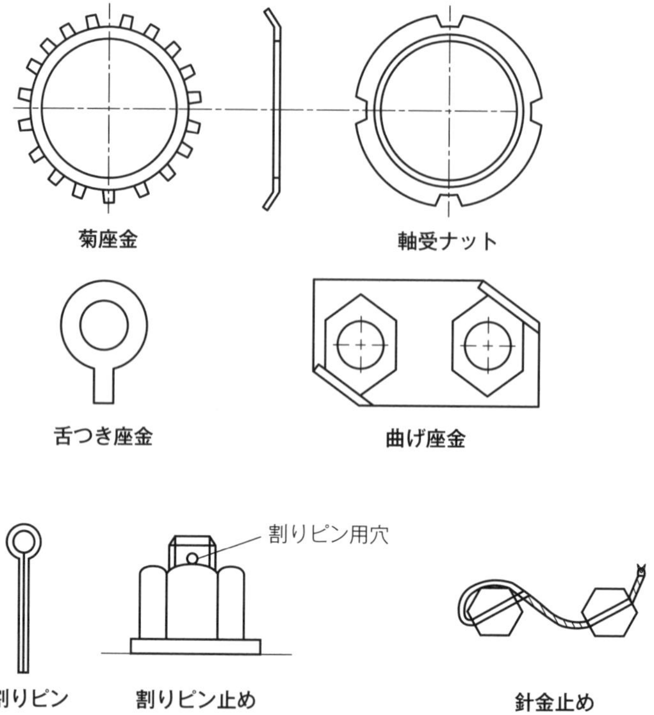

ナットから出っ張ったボルトの端部あるいはナットの六角面から直角に穴を通し加工するんだね。そこに割ピンを挿入して端部を抜けないように折り曲げればいい』

「すると割ピンの剪断力でナットの回転を止めるわけですね」

『そうだよ。だから割ピンで止められる程度のゆるみ防止になるんだね。弱かったら縦横に追加できるよ』

「加工が面倒ですね」

『割ピンに替えて針金をナットの六角面の1つに挿入して複数のナットを縛り上げ、互いの回転方向を相殺することもできるよ。針金止めとでも言うのかな』

「わかりました。でももっと簡単な方法はないですか」

『そうだね。確実にするにはダブルナットかな』

ダブルナット止め

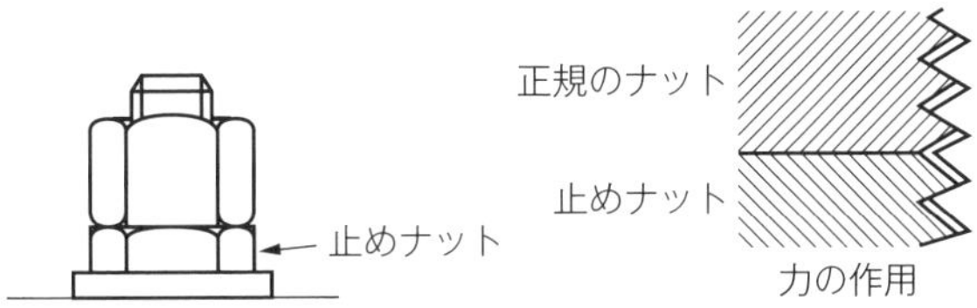

「ナットをいくつ使っても、ゆるむときはゆるむのではないですか」
『いや、そうじゃないんだ。ダブルナットに使用するナットは軸方向が薄い専用のナットだ。止めナットという呼び方が標準かな』
「正規のナットを締め込んだあとに、さらにこのナットを入れて締めるんですね」
『そうではなくて、挿入順序はまず止めナットを挿入して強く締め込んだあとに正規ナットを入れてさらに締める』
「それで終わりなら何個もナットを入れたときと同じではないですか」
『ところがそのあとに、下の止めナットをゆるみ方向に回すんだ』
「そうすると下の止めナットが正規のナットの下面を押し付けることになりますよ」
『そうだ。そこが重要で、それぞれのナットの合わせ面が競り合って、止めナットはボルトのねじの下側、正規ナットは同じねじの上側を押し付けることになって互いに拘束するんだね』
「だからナットが回らないようになり、ゆるまないというわけですか」
『機械的に行っている一般的なゆるみ防止はこれくらいかな』
「先生っ。ナット１個でゆるまない方法はないですか」
『それを開発することは技術屋の悲願だったよ』
「というと、何か発明されましたか」
『先年、国内のハードロック社が特殊なナットを開発しているよ。原理は楔《くさび》を利用したことだ』
「どんな形ですか」
『ここでは図に描かないからそれぞれ調査、検索してみてごらん』

「まいったなあ」
『紹介すると考える力が出なくなるよ。ヒントはナットを締め付ける方向に回転するとナット端面に設けた楔がねじを押し付けるという原理だ』
「ウーン。そうか。考えてみます」
『この原理で造ったナットは国内で見向きもされなかったため、特許を確立したあとアメリカで実績を積んだんだ。アメリカで成功したら、国内でやっと使用が始まったんだね』
「日本は初物を使いたがりませんね。その替わりアメリカ品なら何でも使う傾向があります」
『このハードロック社のナットは振動が大きくゆるみが出やすい機械、振動が大きいボブスレーにも使ってもゆるんだことがないそうだ』
「ほかの方法を発明したらいいですね」
『そうすれば左うちわで、本当のベンツだね』

いろいろな
ゆるみ防止法が
あるんだよ
私の頭のねじも
ゆるまないように
したいのですが…

第3章

キー、継手などの締結

第15話 軸と穴をしっかりと

——キーの使用

先生『軸と穴を締結するときはどうするだろう』
学生「それはキーですよ」
『よく知っているんだね。それでは主なキーを説明しよう。一般には沈みキーだ』
「軸にキーが沈んでいるから、そう言うんですか」
『そうかも知れないね。軸と穴の両方に溝を掘り、そこにキーを入れて固定する』
「キーの形はどうなりますか」
『平行な4面を持つ形が平行キーだね。両端面は角、丸、尖っていてもいい。ほかにこう配キーがある。こう配度は100分の1と小さい。こう配キーは打ち込んで使うために頭を持つキーもあるよ』
「打ち込むなら軸の中ほどの位置には使えませんね」
『そう。多くは軸の端面に使用するんだね』
「キーの寸法は決まっていますか」
『キーの長さは自由だが、平行する4面の寸法は使用する軸径と穴径に応じてJISで決めているよ』
「軸と穴の溝の大きさはどうなりますか」
『その寸法も軸径と穴径に応じてJISで規定しているよ。そのときキーは軸の溝にしっくり収まるようになるんだ』
「でも4面を溝にきっちり収めるのは加工が難しいですよ」
『そうだね。だからキーを穴に収めるときに溝の底にスキマを設けているよ。もともとキーの役割は回転しようとする剪断のトルクを受けるのだが、その力はキー側面であって溝の底に隙間があっても支障はないからね』
「そうするとキーの材質は許容応力を大きくしなければなりませんね」

キーの種類

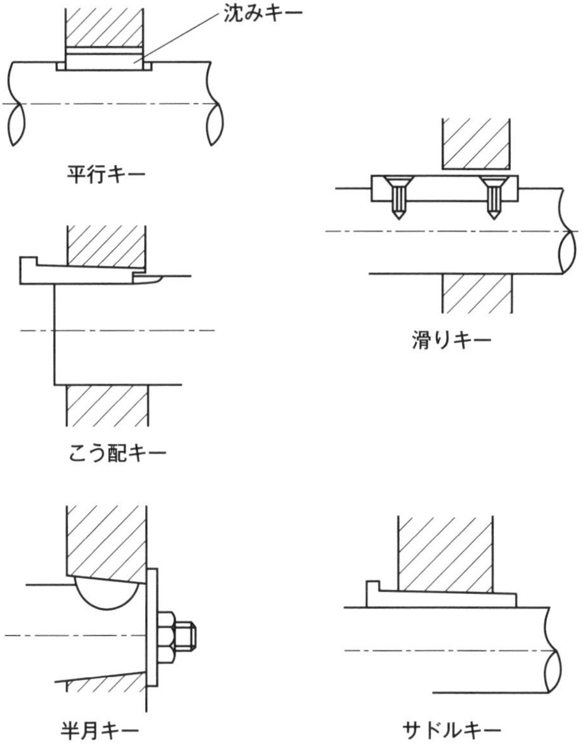

『1本のキーで剪断力に耐えられないなら、2カ所に設けることもあるんだ』
「剪断力に対してはキーを長くすればいいでしょう」
『それも可能だが、長さ方向にキーの側面が全面に渡って受けるためには寸法精度が必要になるから限界があるんだね』
「軸の長さもそうなりますね」
『ほかに滑りキーがあるんだ。今は少なくなったが、自動車のギアをチェンジするときミッションのレバーを操作しているね。あれは何の意味だ』
「MT車（マニュアル操作の車）ですか。それはギアシフトですね。歯車の噛み合いを替えているんです」
『歯車はレバーのシフトによって軸状を滑ってほかのギアと噛み合う仕組みだ

キーの耐剪断

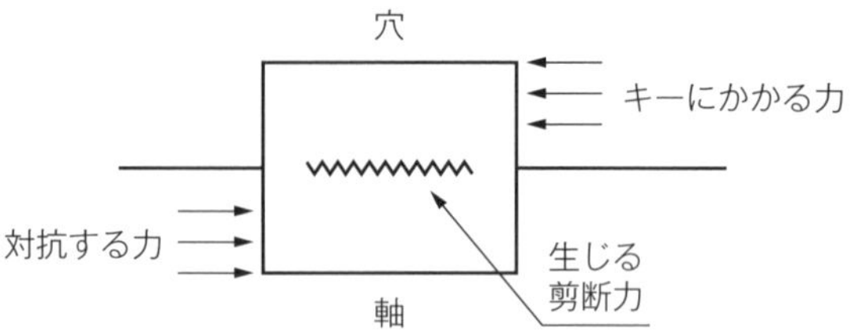

ね。歯車は穴が軸状を滑りやすくなるように滑りキーをガイドにして移動するんだ』

「それでは滑りキーは軸の溝に固定しているんですね」

『ミッツションを分解すれば一目瞭然だがね』

「ほかにキーの種類がありますか」

『半月キーがあるよ。軸を半月形に掘り下げて、穴との間に半月形のキーを挿入している。多くは軸径が細い場合や、テーパ軸に使うんだね』

「加工が簡単なようですね」

『半月キーは打ち抜き品があるし、軸の半月加工が容易だから製造原価が小さくなるけど、軸を半月に深く加工するから強度が低くなるようだね』

「強度的に余裕がある場合に使用するんですね」

『軸に溝を加工すると強度が低下するし、軸の折損事故はキー溝が起点になっていることが多いので、あまり溝を加工したくないんだ。軸に溝を加工しないで穴にこう配キーを打ち込んで止める方法もあるんだ。サドルキーというよ』

「しかしこの方法は剪断力を軸とキーの接触で保つから強度的に限界があるのではないですか」

『その通りだ。やはり確実には沈みキーで締結した方がいいよ』

「先ほど2本キーで剪断力を受ける説明がありましたが、キーの剪断力に余裕がなければ全部そうすればいいでしょう」

『そうすると軸に数カ所の溝を加工することになるから軸自体の強度が低下するんだ』

「そうかぁ」

2本キーの使用法

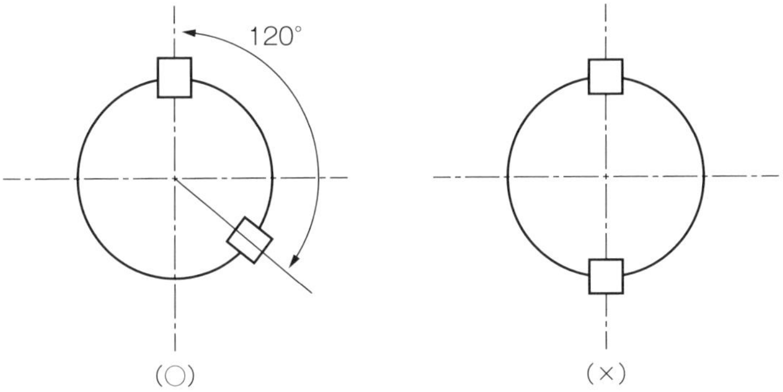

『それに2本のキーが同時に分配した剪断力を受けるかどうかがポイントになるよ』

「2つのキーを加工する位置、すなわち寸法の分割精度のことですね」

『どうしても2本キーを設けるときは分割精度を保つために高精度の割出盤を使って秒単位に出しているんだ』

「厳しいです。2本の位置も対称180°に決まっていますか」

『120°がいいよ。180°の対称だったら溝加工するとき深さの測定ができないからね。マイクロメータ測定時に端部に位置する点がなくなるだろう』

「そうかぁ。現場経験した人でないとそんなことはわかりませんね」

『だから机上の勉強だけでは真の理解ができないんだ。現場を経験しなければ教える資格がない』

「ほかにもキーに関する常識がありますか」

『軸の部品注文のとき、キーは必ず軸に一緒に付けて出荷するんだよ』

「キーの注文がなくてもですか」

『そう。それが機械の商取引であるし、常識だ』

第16話 軸にキーが一体化した形状
——スプラインの利用

『キーを2本設けると耐剪断力に余裕ができるけど、3本、4本と数多く設けたらどうなるだろう』
「そうすれば軸強度が急激に低下しますね」
『軸にキーが一体化した形状にすれば、新たにキーを準備する必要はなくて、軸に溝を加工しなくてもいいから、強度は何ら問題はないだろうね』
「その場合は1本や2本のキーに替わる凸部を加工しなければならないから、凸部以外の部分を除去する加工が大変です」
『その通りだね。では軸の全周囲に等間隔で何本も配したらどうかな』
「そうすると凸部以外が溝のようになり、余肉の除去が容易です」
『それを規格化して使用している形状がスプラインだよ。軸強度に余裕がないときは必ずこの方法を採用しているんだ』
「そうすると凸部の数は何本になりますか」
『軸径にもよるけど、規格では6、8、10本だね。これが角形スプラインだ』
「軸の加工はどうしますか」
『溝部を除去加工すればいいよ。角形スプラインは1個の山ごとに精度の良い割出盤を使いながら分割するんだね』
「そうすると精度は確実ではないですね」
『精度次第で、全部の角形スプラインの山が同時に剪断力を受け持つわけではないから、設計の強度計算は安全率を設けているよ。それは各社の加工精度と実績により丸秘だけどね』
「穴側の角形スプラインの溝加工は難しいようですね」
『1本キーの溝加工をするときは、形削盤（スロッター盤など）を使うんだが、スプライン加工のときもその機械を使うよ。同じように割出盤を使いながらね』
「角形スプラインはどんなところに使っていますか」

スプライン軸

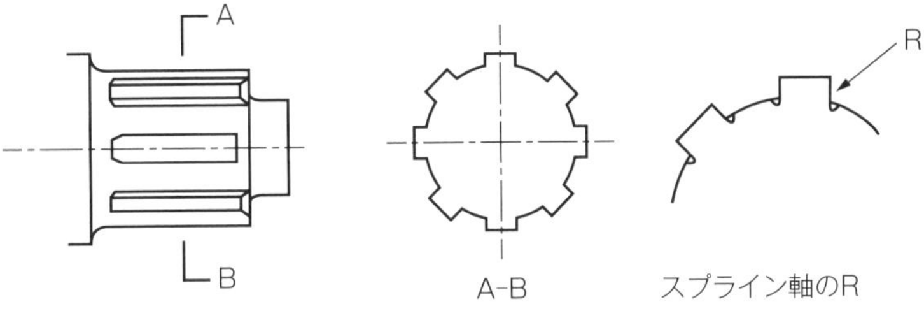

角形スプラインのはめあい

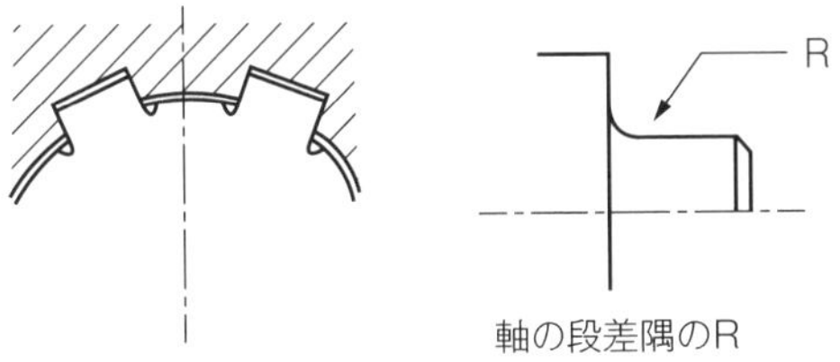

『主に重機械用が多くて、鉱山、運搬、製鉄用だ。角形スプラインは固定用と摺動用があるんだ』

「キーと同じですね」

『使ううちに摩耗やヘタリが進み全部の角形スプラインの山が穴側の角形スプラインの側面と合ってくるようになるよ』

「角形スプラインの長さも限界がありますか」

『それもキーと同じだね。それに角形スプラインでも折損することがあるんだ。穴側のスプラインが傷むことはまずないから、軸の形状が問題だね』

「折れるんですか」

『軸がねじれて破壊することがあるよ。その折れや破壊の起点が決まっている』

「凸部の付け根ですね」

『そうだね。だから根元は必ずRを設けて外力に対する切欠感度を小さくしなければならないよ』

「細かい所を注意しなければならないんですね」

インボリュートスプラインのはめあい

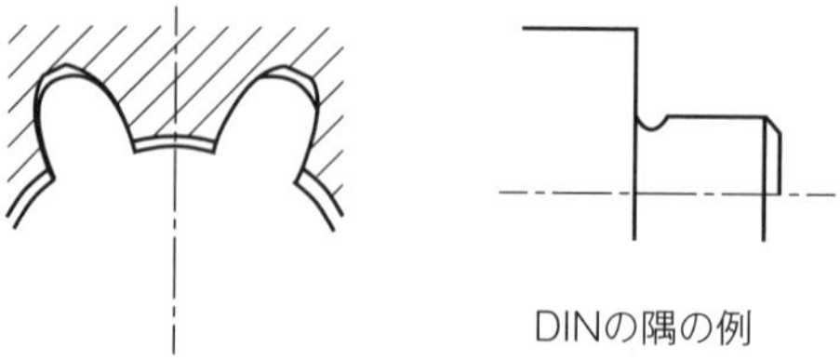

DINの隅の例

『破壊を防止するにはちょっとした所を入念に加工しなければならないね。それから軸に段差があると耐強度が厳しくなる』

「段差がある隅はやはり切欠感度が鋭敏ですね」

『JIS 規格には R を大きくするように決めているけど、DIN 規格（ドイツ工業規格）は実に詳しく定めているんだね』

「DIN は JIS より規格も多く詳細ですね。流石に機械の国ですよ。でも加工が困難です」

『軸径より切り下げて隅部に R を付けると、あとで研磨するときに砥石の R を付けないで済むから、むしろ容易に加工できるよ』

「それも現場の智恵ですね」

『大径の軸がスプライン部でアメのようにねじ切れている現物を見ると、怖くなりあとで加工が十分だったか反省するよ』

「実際の破壊品を見ればそう感じるでしょう。しかし角形スプラインよりもっと高精度に加工でき、締結できる方法はないのですか」

『インボリュートスプラインがあるよ。歯切機械（ホブ盤）で軸と穴に歯を設けるんだ』

「歯同士を合わせるんですね」

『歯の形状が少し変わっていて、歯形はインボリュートだが 30° の大きい圧力角にして歯たけを低くしているよ。そうする目的は曲げや剪断力に耐えるためだ』

「それができたら、角形スプラインに替えて全部をインボリュートスプラインにすればいいのではないですか」

『軸に歯切り加工するときはホブ盤の能力に左右されるんだね。たとえば長尺の軸はホブ盤に載せられないときがあるよ』
「穴の歯切り加工はどうなりますか」
『同じく穴を内歯歯切用の機械（ピニオン歯切盤）で加工するから、これも穴の大きさや、ピニオンカッタ（歯切用切削工具）によって限界が生じるんだね』
「しかし、精度は抜群でしょうね」
『角形スプラインより高精度だから、精度が必要な機械に向いているよ』
「やはり機械力が必要ですね」
『君は頭脳力が必要かもね』

コラム

遊星歯車装置の用途

太陽歯車と噛み合う遊星歯車が同時に内歯車と噛み合って増減速する機構が遊星歯車装置です。従来型の歯車は互いに対で噛み合いますが、遊星歯車は太陽歯車と噛み合う遊星の数が増すほど１つの噛み合いにかかるトルクが少なくなりますからコンパクトな装置になり、全体の形状を小さく全重量を減少できます。ただし、太陽歯車と内歯車に同時に噛み合う数個の遊星歯車は等分したトルクを受けることが前提であり、それを可能にするために企業は独特の等配機構を確立しています。

遊星歯車装置は軽量にできるためクレーン上部に据え付ける巻上機の減速機、狭いトンネル内部で掘削するためスペースを小さくするボーリングマシーン、コンパクト化と重荷重を受けることが可能な土木建築用機械の走行原動部、大きい減速比を有して精度良く位置決めするために必要なパラボラアンテナ用稼働部など、産業界で広範囲に実用化され貢献しています。

現在、期待する代表的な用途は風力発電用の増速装置に遊星歯車を使用することです。増速比は1000倍としたとき、もし入力軸の回転数が10rpmであれば１万rpmに達します。効率的に稼働するための設計要求は出力軸の回転が２万rpmで極めて高速です。

第17話　こんな締結もあるよ

——接線キーと楔

「穴に軸を固定する方法はかなり手がかかりますが、その割には締結力が不足しますね」

『しかし、一般的には沈みキーを多用するんだね。強度部材をコンパクトに使用するときは、高度な加工が必要な角形スプラインを重要視しているよ』

「もっと大きい剪断力を受けるような優れた方法はないですか」

『私は剪断トルクが100トン·mかかる軸と穴を締結したことがあるよ』

「それは凄い力ですね。そのときは沈みキーではなかったのですか」

『沈みキーより強力な接線キーで締結したよ。おそらく現場経験が豊かで、高度な技量を持つ熟練技能者がやっとできるほど精緻な方法だよ』

「となれば、機械実習の先生では無理ですね」

『まったく知らないだろう。図に示すような方法で2個のこう配キーを合わせて使うんだ』

「こう配キーなら合わせ面の精度が重要ですね」

『2本のキーは3面を直角・平行に、こう配面は50分の1のこう配を付けて切削する。そのあと4面を研磨加工して精密に仕上げるんだ』

「キーまで研磨するんですか」

『こう配面以外の3面は軸と穴を切り欠いた直角面に赤ペン（鉛丹）を付けて合わせながらキーを修正するんだね。現物加工だ』

「摺り合わせ加工ですね」

『合わせ終わったら、次に、最も重要な面はこう配面だから、2個のこう配面に赤ペンを塗り、全面が当たるように摺り合わせしていくんだ』

「完全に合うと言える証拠はありますか」

『それは赤ペンや油脂などを拭き取ったあと、合わせてみると吸い付くようにぴったり密着してしまうよ』

接続キーの使用法

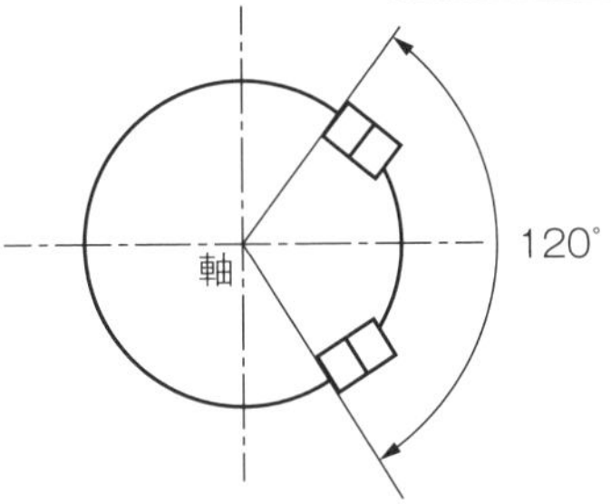

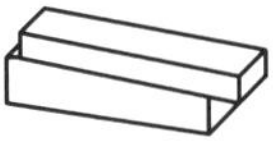

「そうなると2つのキーは外れないでしょう」
『こう配面と直角方向には外せないよ。こう配方向にスライドしなければね』
「そんなにまでして高精度で現物の接線キーを造るんですね」
『接線キーがうまく機能するかどうかはここが重要なポイントだよ。ここまでやり終えたら9割方成功したことになる』
「あとは溝に1本のキーを合わせて、もう1本のキーを打ち込むんですね」
『沈みキーは3面当たりになるが、接線キーは溝に2個で合わせた面を4面の全面当たりにするんだね』
「ゆるむことはないですね」
『楔だから大丈夫だよ。ゆるめばさらに打ち込めばよいし。円周に120°間隔でこのキーを打つんだ』
「一種のこう配キーの組み合わせですね」
『そうだね。もう1つ面白く非常に重要な楔方式があるよ。発明はドイツだろう。シュパンリングという商品名で販売しているから、輸入して使ってみたら非常に使いやすく確実だったよ。日本語に直すと弾性的楔リングだね』
「ワクワクしますが、それはどんな代物ですか」
『内側と外側が対になった薄いリングを使うんだ。リングの合わせ面は同じこう配を付けている』
「接線キーがリングになったと思えばいいですか」
『うまい表現だね。使い方はまず内側リングを軸に装着する。その方法は外れないようにしまり代を付けて焼きはめするんだ』
「リングの厚さはどうですか」

シュパンリングの使用法

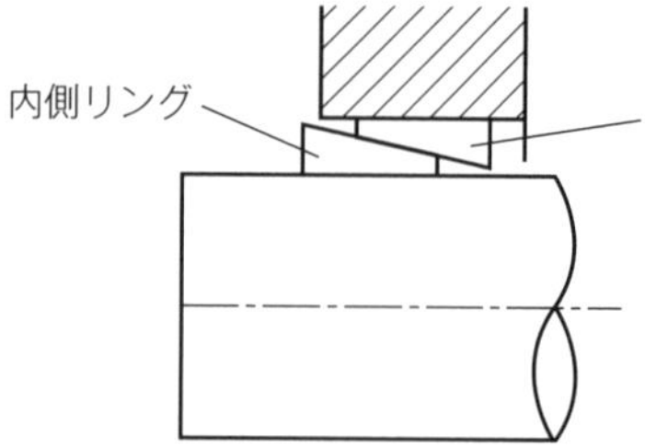

『かなり薄いよ。だから焼きはめ時に加熱するとすぐ膨張する』
「楕円が出ませんか」
『軸に装着したら真円になるから構わない。次に穴部をセットしたら外側リングを軸との間に挿入する。このとき軸と穴の位置がずれないように何か工夫する必要があるね』
「最初は手で押し込めますね」
『そう。そのあとは外側リングの円周端面が均等に挿入できるように、端面を対称に少しずつ叩きながら入れていくんだ』
「端面が傷まないように何か治具が必要ですね」
『木槌を使うか、当て板を添えて叩けばいいだろう』
「しっかり叩き込んだらもう大丈夫ですか」
『機構上、端面の全面が当たるように円形の板を添えてボルトで締め込む方法を採用したよ』
「そうすれば静的に力を加えられますね。締結の結果はどうでしたか」
『大トルク用の接線キーに替えて使ったが、充分に信頼性があったね』
「自家製作できますね」
『リングは薄いからこう配部を精度良く加工することが難しい』
「購入するしかないですか」
『直径に応じて品揃えしているから、純正品を使う方が安上がりなようだね。しかし、簡単な機構だけれども素晴らしい特許品だね。君もこれくらいの発明をしたらどうだね』
「やはり現場の経験をすれば発想が豊かになりますね」

第18話 軸を直列に繋げる

——軸継手の利用

『軸に穴を締結する方法に替わって、今度は軸を直線方向に連結する機械要素、軸継手の話だ』

「軸方向に連結する機会がありますか」

『たくさんあるよ。代表的には電動機と歯車装置の軸を連結しているだろう』

「そうかぁ。そんな場合の締結ですね」

『簡単な方法では、2本の軸同士の端部を同時に連結できる穴付きのスリーブを使えばいいよ。軸はそれぞれにキーで連結すればこと足りるんだね』

「伝達力が小さいときはそれで充分ですね」

『もちろんスリーブと軸のはめあいはしまりばめだね。そうしなければキーの剪断だけになってしまうからね』

「大きい力を伝達するときはどうなりますか」

『その場合は継手を使うんだ。代表はフランジ形固定軸継手。軸にしまりばめした対の継手のフランジを合わせて、ボルトで連結するんだ』

「継手は軸にキー止めしていますね」

『そうだね。この方法は継手が安価であるし、簡単な構造だから多く使っているよ。しかし、組立が難しいね』

「熟練技能者しかできませんか」

『2本の軸を連結する際のポイントは、相互の軸心と端面の方向（すなわち3次元方向）にきちっと合わせることだ』

「もし合ってなかったらどうなりますか」

『上下左右が合ってないときは、軸が回転するとき、他方の軸は偏芯して回ってしまう。そうなると軸に曲げ荷重がかかり折損の要因になるよ』

「2本の軸の中心を合わせたら、それはなくなるわけですか。でもどうやってそれを調整しますか」

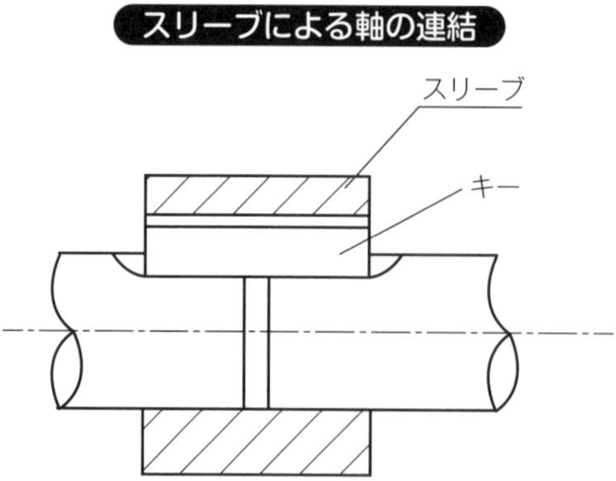

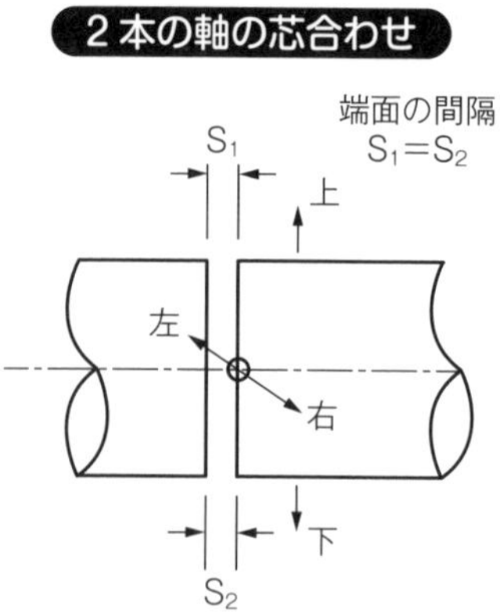

『一方の軸を固定したら、他方の軸にダイヤルゲージを当て、上下、左右に移動するんだ。多くはジャッキや、木槌、鉛棒で叩いて微調整しながら合わせていくよ』

「根気がいる作業ですね」

『ベテランはコツを知っているからね。しかし、中心を合わせると言っても軸方向の中心が合わなければ、やはり同じ現象が発生するよ』

「軸方向に中心を合わせることは困難ですよ」

『いや、だからそのときは2本の軸の連結する端面を平行にするんだ』

「そうかぁ。2本の軸を3次元に合わせることは高度な技能ですね。この芯合わせはどこまで許容できますか」

『機械装置や軸径などにもよるけど、100分の1 mm以内が必要だね』

「スゲーッ。でももっと簡単な方法はないですか」

『芯が少々合わなくてもクッションで吸収することができる、フランジ形たわみ軸継手があるよ。これはボルト穴にゴムやほかの弾性体を挿入している』

「その場合は芯振れがあってもいいわけですね」

『もちろん芯は合わせるが、この継手を使うときは少しの芯振れがあっても吸収できるから便利だね』

「合わせる許容差をラフにできるわけですね」

『しかし、ラフになればどうしてもゴムの劣化が早くなるから寿命が短くなるよ』

フランジ形固定軸継手

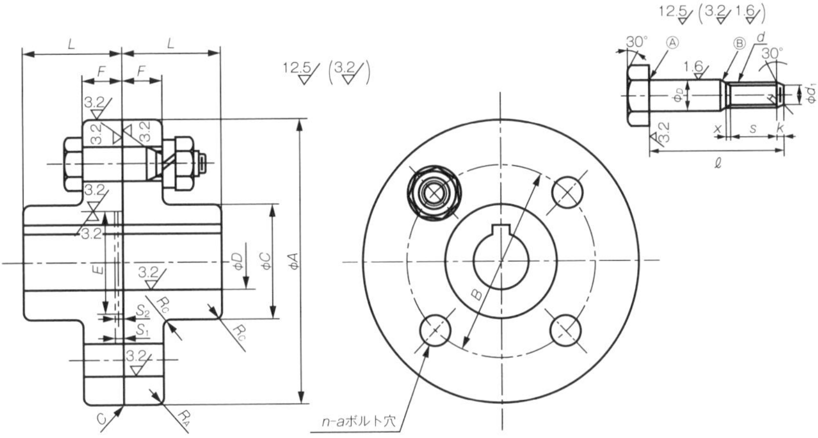

出典：JIS B 1451、日本規格協会、1975年

フランジ形たわみ軸継手

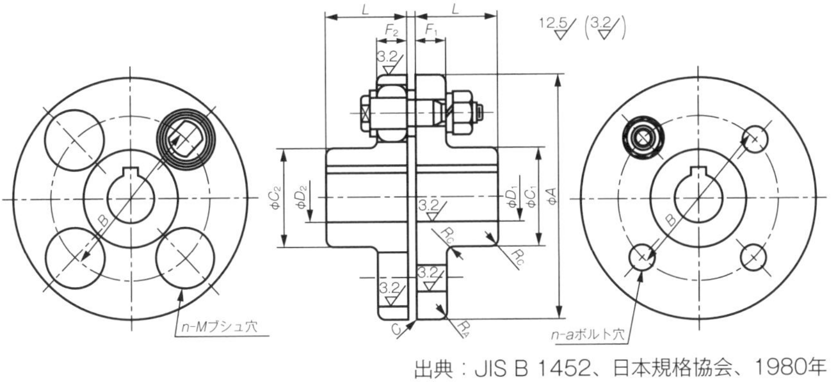

出典：JIS B 1452、日本規格協会、1980年

「そうすると限界があるんですね」

『少なくとも 100 分の 5 mm 以内にはしたいね』

「また練習して技能を向上しなければならなくなりました」

『ほかの締結の種類を紹介しよう。歯車形軸継手があるよ。これは 2 つの継手のボルトによる連結に替えて、フランジ外周に歯を設けて、内歯を持つカップ

歯車形軸継手

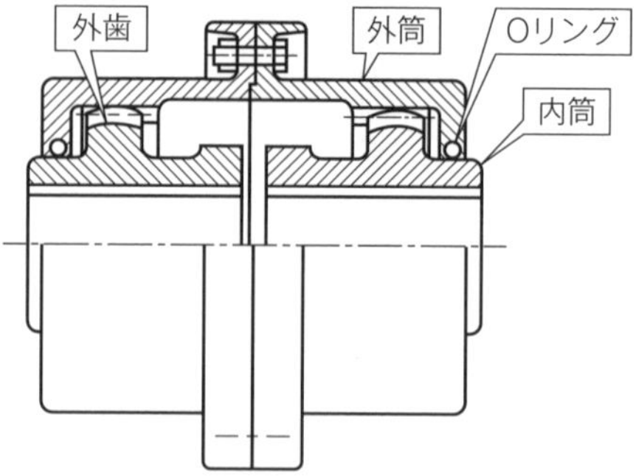

チェーンカップリング

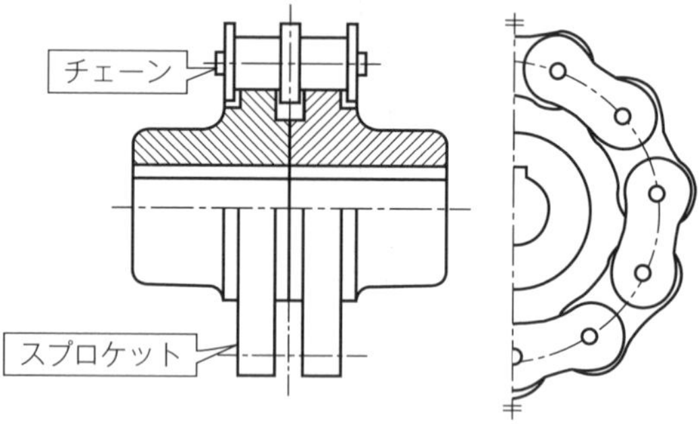

リングで噛み合わせるんだ』

「どんな長所がありますか」

『歯車の噛み合い部は歯間の隙間があるから2つの軸の芯が合っていなくても使えるんだ。歯間のガタで伝達力を吸収することができるよ』

「やはり継手では軸の芯の振れが問題なんですね」

『歯車に替えてチェーンカップリングという継手もあるよ。フランジをスプロケットに替えて、歯にダブルのチェーンを装着するんだね』

「それはいい方法ですね。構造が簡単です」

『歯車やチェーンを使うときは歯の潤滑用に注油しなければならないね』

「摩耗防止ですね」

こま形自在軸継手

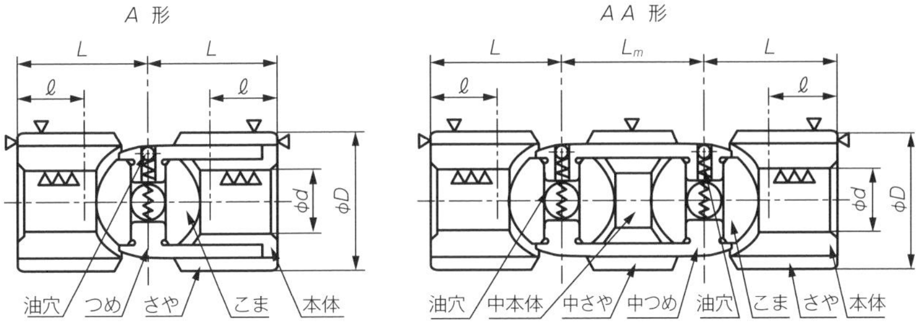

出典：JIS B 1454、日本規格協会、1976年

『そう。もう1つ。こま形自在継手という2つの軸が離れているときに連結する方法があるんだ』

「どこに使いますか」

『トラックの下部のプロペラシャフトはこの方法で連結しているよ。見たことがあるだろう。軸は芯を合わせる必要はないんだ』

「どうしてですか」

『連結中央部に1個、あるいは2個のこまを入れて、ばねで伝達力を吸収しているよ。別名、ユニバーサルジョイントだ』

「うまく考えましたね」

第19話 板を合わせて繋ぐ
――リベットの利用

『板を繋ぐにはどうすればいいかね』
「繋ぐって合わせるわけですね」
『そう。一般には溶接しているけど、ほかに知っているかな』
「ウーン。知らないですね」
『溶接は戦後急速に発展してきた方法だが、それまで主流だった方法があるよ。今でもこの方法も使っているんだ。昔の船舶の製造を考えたらわかる』
「タイタニックもそうですか」
『100年以上前に当時の造船技術の粋を集めて建造したその船もそうだ』
「でも沈んでしまいましたよ」
『タイタニックの鋼板を合わせて繋ぐ方法はリベットによる締結なんだ』
「だから沈んだんですか」
『そうではなくて、氷海の極寒に浮かんでいた氷山に衝突して一挙に鋼板の剪断破壊が進んで沈没したと言われているし、その形跡が深海に沈んでいる実態調査によってわかってきているんだ』
「剪断破壊とは何ですか」
『鋼は低温になると非常に脆《もろ》くなるんだ。この性質が脆性《ぜいせい》だね。タイタニックの船体は鋼板を合わせてリベットを打ち、かしめて締結した構造だが、このリベットは脆くなっていた。そこで衝突による大きい衝撃荷重が掛かったときに一挙にリベットが剪断して鋼板がまくれて破壊していった――、という経過が推定されているよ』
「そうするとリベットが脆化していたことが破壊の発端ですか」
『リベット構造が問題ではないんだ。溶接しても低温下では脆くなって船体に亀裂が走ったり、最悪には真二つに破壊した例があるよ。その代表事例は1940年代にアメリカが対日戦用に建造した大量の溶接構造輸送船でも発生し

リベット頭の種類

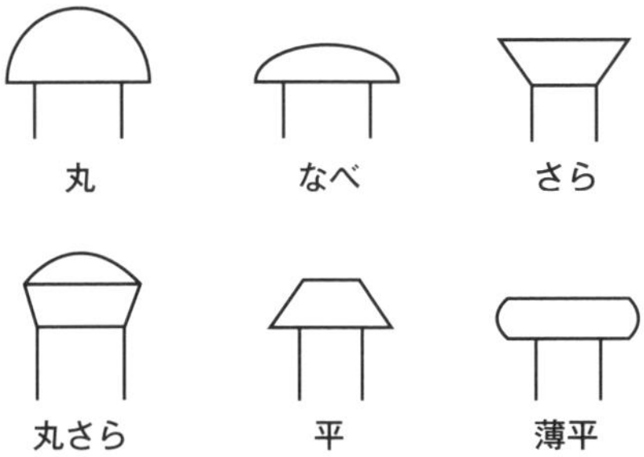

リベットの位置（例）

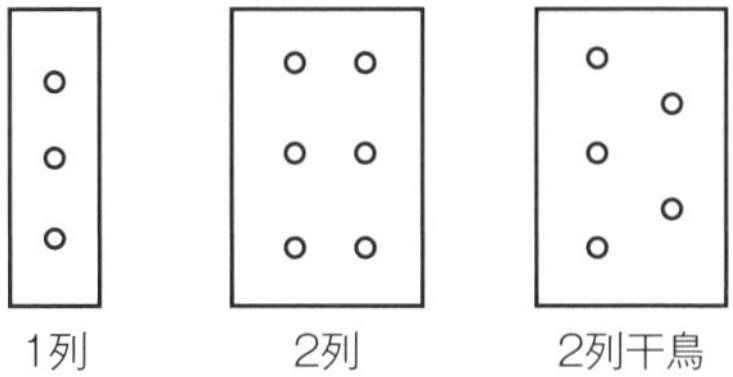

ている』
「鋼が低温で脆くなることを知らなかったんですか」
『そう。だからリベットだけが必ず脆くなるわけではないんだが、タイタニック遭難のときは零下という悪条件が重なったんだね。リベットの材質も現在とは違って、不純物が多かったのは事実だろうけど』
「それでは良い材質のリベットなら問題はないわけですね」
『適正な施工法を行えば大丈夫だよ。その証拠に、戦前まで建設した橋梁を見ればわかる。リベットを綺麗に並んで打っているよ』
「リベットは船舶と橋梁だけに使うんですか」
『いや、板物を締結するときはすべてこれを採用していたんだ。たとえば零式艦上戦闘機（ゼロ戦）を知っているだろう。ジュラルミンの薄板を重ねてリベットで打っている』
「そうとは知りませんでした」
『ゼロ戦は１機に２万本のリベットを打っているよ』
「すごいですね」
『代表的なリベットの形状は頭が丸く凸状をしている。そうすると航空機でその頭が出っ張っていたら空気の流れに抵抗が生じるんだ』
「リベットの頭を流線形にはできませんね」
『そこでゼロ戦は頭が出ないようにさら形にしたんだ。さらの頭は板から沈んでいる』
「板厚があればそれができますね」

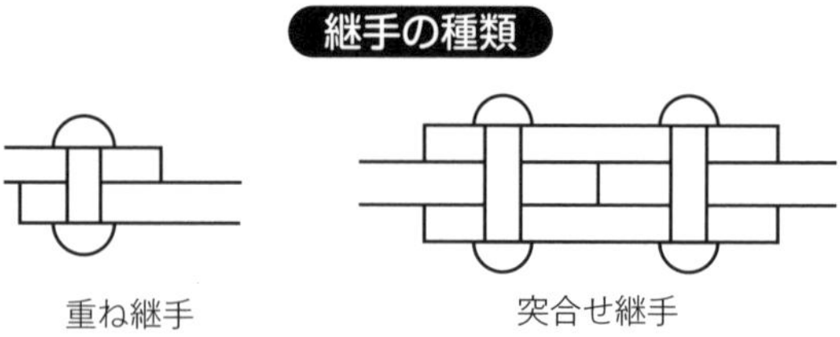

『しかし、ゼロ戦はジュラルミンの板厚は1mmだったから製造が難儀したんだ』
「それができたから当時の戦闘機の最高速度を維持できたんですか」
『その通りだね。リベットの施工は、まず鋼板を穴あけする。その穴に加熱したリベットを挿入して温度が低下しないように迅速に頭を打つんだ。小さいリベットはハンマーで簡単に変形して締めることができるが、径が大きくなるとエアで衝撃を加えて締め付けるんだね』
「高いビルの骨格の建設工事で下から上に放り投げている光景がそれですか。加熱したリベットを投げているんですね」
『上ではそれをキャッチしてすぐに締めているよ。熟練した技能だね』
「結局、リベット構造は穴とリベット間の隙間をなくして締め上げ、強度はリベットの頭の摩擦力と軸の剪断力で持つようにするんですね」
『そのとき板同士の合わせ面方向（滑り方向）の力も加味されるんだね』
「外力の大きさによりリベット数を計算し、打つ位置を決めるんですね」
『リベットは剪断に耐えても板に亀裂が生じないように、リベット位置が直列や、千鳥という並べ方をするんだ』
「列べ方は単なる美観が目的ではないんですね」
『板の締結方式は重ね継手と突合せ継手の種類があって使い分けているよ。後者が丁寧だが板厚が厚くなるね。継手とは締結するときの部分を示すんだ』
「突合せ継手ではリベットが長くなり、剪断箇所が増えますから余裕ができますね」
『そうなるね。リベットによる締結は溶接に替えて簡単にできる方法だから使いやすいよ』

第20話 溶かして繋ぐ

——溶接方法

『溶接は機素の1つなんだ。現在、溶接の分野は非常に発展していろいろな方法を実用化しているよ』

「機械工学でも機素として溶接を使うんですね」

『図面に溶接を指示しているからね。製缶物（溶接構造物）の溶接と異なって精密機械の製造過程で溶接を取り入れているよ』

「溶接は機械実習で経験しました。最初は溶接棒を使った手溶接でした」

『そのときの注意点はどんなことだったかな』

「溶接棒をよく乾燥させて水分を除去することが重要でしたね」

『水分があるとなぜ悪いのだろうかな』

「それは水があると加熱速度が上がらないからです」

『そうかな。水分があると溶融金属の中に溶け込んで種々の溶接欠陥を発生するということだよ。水分は水素と酸素から成り立っているから、ガス化して原子あるいは分子状態で溶融金属の中に残り、それが脆化など諸々の機械的性質に悪影響するんだよ』

「そうですか。知らなかったです。水分は敵なんですね」

『そうだね。鉄は製鉄する際の原料である鉄鉱石やコークスも水分をなくす努力をしているんだね。工場を見学すると溶接棒をむき出しのまま置いてあるんだ。そんなところは品質の管理が悪いから高く評価できないね。ほかにはどんな点に注意しなければならないだろうか』

「あとは適正な電流値を選定し、溶接時はウィービングしながら余盛りを確保し……、などです」

『合格だね。手溶接が基本になってはじめて機器溶接ができるんだ。機器溶接は機械実習したかね』

「半自動溶接を経験しました。あれは便利です。生産性が良いですね」

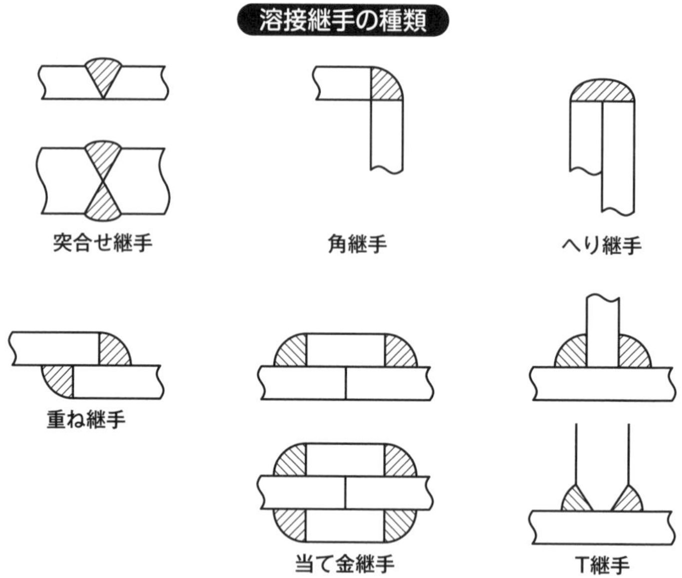

『溶接の種類はたくさんあるから勉強をしておきなさい。そこで機素に関係する溶接継手の種類を紹介しよう。図を見てごらん』
「いろいろあるんですね」
『機械や装置の構造に対して継手を選定するんだね。設計で図面に指示すればそれを現場が実行することになる』
「設計は構造に対して適正な溶接を考えなければならないわけですね」
『ときどきミスしているときがあってね』
「どんなミスですか」
『お笑いだけれど、密閉構造品の内部を全線とも隅肉《すみにく》溶接する図示だ』
「それはできませんね」
『確実にしたい気持ちからそう図示したんだろうけど、溶接するときは生産上、合理的に考えなければならないよ』
「それはどんなことですか」
『まず適正な継手、溶接金属（ビード）の大きさ（脚長、余盛りなど）、ビードを連続にするか断続でいいか、などを選択するんだ。これが生産性に大きく

特殊な溶接

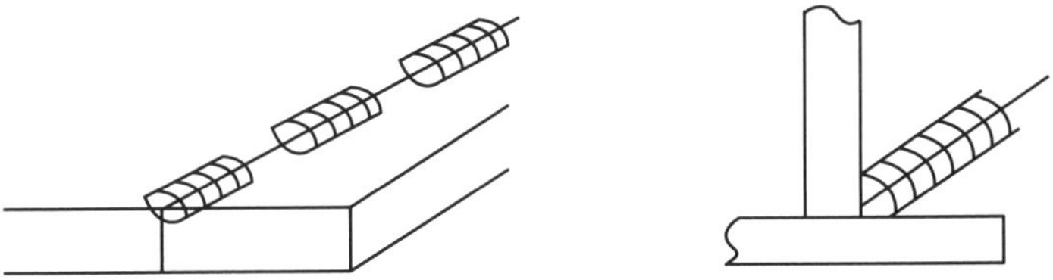

溶接部の名称

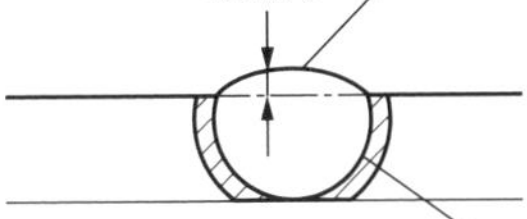

影響するよ』

「そうでしょうね。たとえば船舶は溶接の塊みたいに多量に溶接しますから、選び方が重要ですね」

『溶接するときの姿勢も重要な項目だよ』

「姿勢がなぜポイントになりますか」

『重量があり形状が大型の構造物は動かせないから据え付けた状態で溶接しなければならないときがあるよ。船舶もそうだね。そのときは下向き、前向き、上向きなど溶接するときの方向が変わるから、溶接の姿勢を合わせなければならなくなるんだね』

「しかし、どんな姿勢でも変わらないでしょう」

『溶接の原理は溶接棒と被溶接板を溶かして締結するんだね。そうなると溶けたときは溶鋼が重力で下に落ちてしまう。特に上向き溶接は難しくなるんだ』

「そうかぁ。それではできる限り下向き溶接した方がよいわけですね」

『そこで動かせない重量物は仕方がないから、いろいろな姿勢で溶接することになるんだ。そのときは、経験豊かなベテランの溶接技能者が行っているよ』

「資格を持っているんですか」

『溶接全体を把握して施工を立案することができる人に対しては溶接管理技術者1、2級、実務で溶接する作業者向けは溶接技能者1、2級があるよ』
「先生は持ってますか」
『溶接管理技術者1級を取得したあと、国際溶接管理技術者1級の免許も持っているよ』
「将来取得したいですね」
『そのためには溶接の実務はもちろん、施工についても経験を積まなければならないね』
「やはり、現場の経験が必要ですね」
『どんな技術でもそうだよ。本を読んだだけでは現実に対応できないよ』
「難しい溶接にはどんな事例がありましたか」
『原子力装置の関連部品の溶接は最高の品質を要求されたね。内部が完全無欠陥でなければならないんだ』
「検査はどうしますか」
『溶接箇所はすべてX線による検査を行ったね』

第4章

軸受と伝動

第21話　回転を支える
――軸受の種類

先生『軸が回転するときに滑らかに回り、しかも摩耗をしないようにするためには軸受を使うんだね』
学生「ベアリングですね」
『そう。でも軸受は大別して２種類があるんだ』
「玉ところ（円筒）ですか」
『そうではなくて、それらは転がり軸受という。が、もう１つの分野がすべり軸受だよ。これは知っているかな』
「知りません。どんなものですか」
『主に軸受の材料に金属（メタル）を使うんだ。テフロンなど摺動性が良く強い化学物質の材料を使うこともあるし、これは転がらなくて滑って摺動する』
「どんなところに使いますか」
『極めて大荷重がかかる場合や、水中や開放形の装置に多く使っているね。浚渫船《しゅんせつせん》の主軸などはこれで支えながら回転しているよ』
「でも転がり軸受でも使えるんではないですか」
『精密さに欠けてもよい箇所が多いけど、製造が安価であり、摩耗したあとに修復性が良好な点、また交換がしやすいことがあるね』
「メタルを軸と穴間に装入するんですね」
『軸だけを受けて回転するときは、軸受用プランマブロックという部品内にメタルを入れて軸を支えるんだね。構造は取り扱いしやすいように半割して合わせて組み立てるんだ』
「材料は何ですか」
『主に真鍮（黄銅）、ホワイトメタル、バビッド、鋳鉄などだ』
「非鉄金属が多いですね」
『耐摩耗性が良い材料だね。それに摩耗したら鋳込み直して再使用できるよ』

軸　受

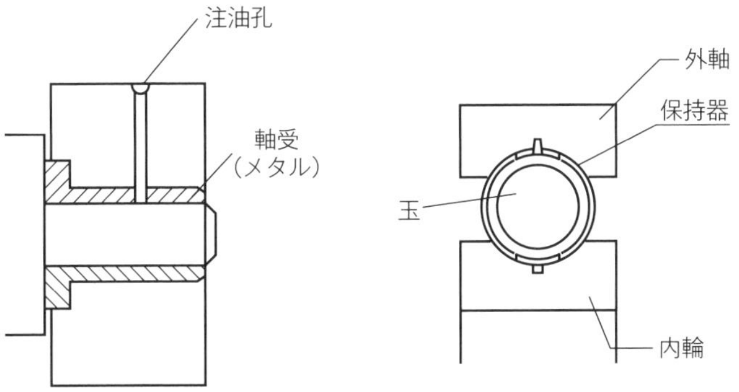

すべり軸受　　**転がり軸受**

ころがり軸受用プランマブロック（系列 SN5）

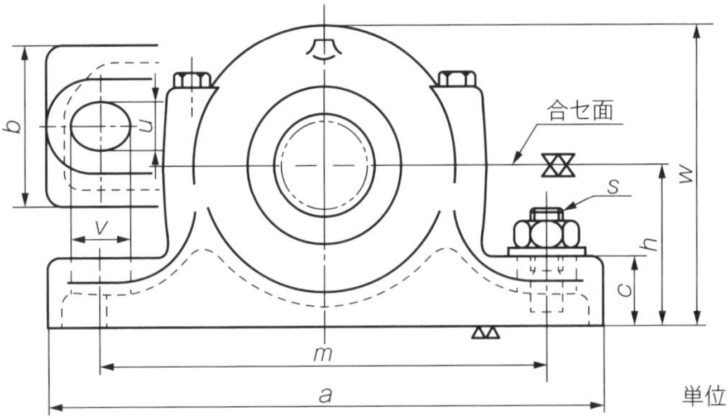

単位：mm

出典：JIS B 1551、日本規格協会、1968年

「すべり軸受も棄てた物ではないですね」

『すべり軸受は軸方向の大きい力（スラスト）を受けることができるし、ラジアル回転（円周方向の回転）では転がり軸受が条件によってスラストを発生するけど、これがないんだね』

「それいいですね」

『さあ、転がり軸受の話をしよう。これは分類すると２種類がある。先に出たように玉軸受ところ軸受だね』

「転がり軸受はかなり精密にできています。直径が数 mm の寸法を見たことがありますよ」

『ミニチュアの軸受だね。日本製は高精度品があり、世界を圧巻しているし、NASA（アメリカ航空宇宙局）のロケットに使う軸受も日本製だ。転がり軸受は大型品もあるんだ』

「どれくらいですか」

『直径が 1 m を超す大型の玉軸受を造ったことがあるよ。大型建設機械のブルドーザーの旋回部には 2 m を超す軸受を使用しているそうだね』

「しかも高精度ですか」

『そうだね。軸受は取り扱いに気を付けなければならないよ。箱の中の軸受は油紙で包装されているんだ。油紙から取り出すときは素手では触らないようにね』

「なぜですか」

『手はゴミがついているし、塩気があるからすぐ銹《さび》が出てしまう。だから手袋で取り扱いし、その油紙を開けたらできるだけ早く使うことだね』

「早く使う意味は何ですか」

『軸受は湿度と室温が低い場所に保管しているんだ。これも発銹防止だね。油紙から開梱したら銹が出やすくなるんだよ』

「それでは油紙に包装していない軸受を使うことはできないですね」

『必ず玉やころ、それに内外輪の転道面はミクロだが銹が出ていると思っていいよ』

「でもわかりませんよ」

『実際に組み立てて回転させると微少な異音が聞こえるよ。それも熟練した技術者の耳で感じられるほどだが、いずれその位置から摩耗が進み大きい騒音に発展していく経験をしたよ』

「でも転道面には油があるでしょう」

『軸受は油切れを起こさないようにするんだ。しかし、それにも 2 種類があって定期的に注油する開放形軸受と、製造時にすでに油を封入しておき外部に漏れ出ないように側面をシールした密封形軸受があるんだ』

静圧軸受の原理

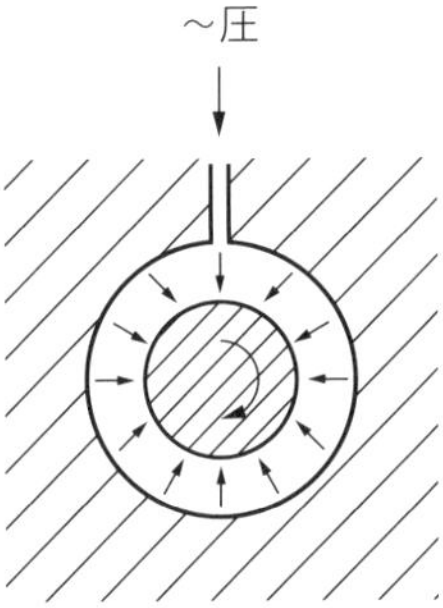
〜圧

「すると使い分けしなければなりませんね」
『開放形は注油すればいいけど、逆に粉塵、塵埃などが外部から入りやすくなるからね。その点密封形はメンテナンスが不要だからいい』
「玉やころもなく、注油もしないで済むような軸受はありませんか」
『それは静圧軸受だね。軸と穴間の空隙に高圧をかけると、軸が浮き上がり穴と接触しなくなる。その原理を応用するんだね』
「そんなことができるんですか」
『材料同士の接触がないから摩耗がなくなるし、騒音も温度の上昇もなくなるから超便利だよ』
「それはすごいですね」
『君たちも少しは考えて何かを発明したらどうかね』

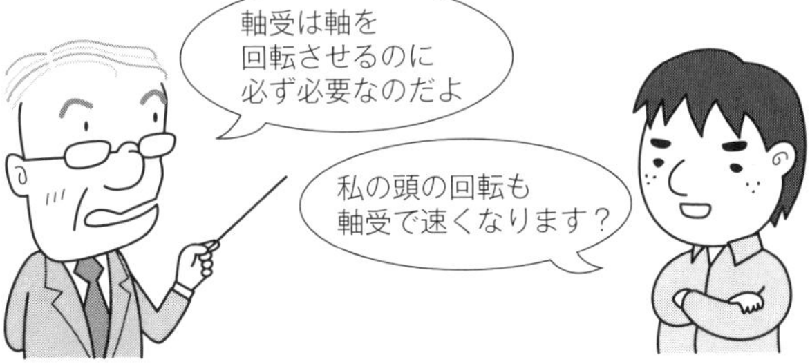
軸受は軸を回転させるのに必ず必要なのだよ
私の頭の回転も軸受で速くなります？

第22話　うまく転がるには

――転がり軸受の選定

「軸受は軸の重量を受けながら回転するのですよね。そうすると優劣はどうですか」

『すべり軸受より転がり軸受が回転時の摩擦抵抗は少ないから優位だね』

「それでは玉軸受ところ軸受はどうですか」

『玉はラジアルとスラスト方向に荷重がかかっても回転には差し支えなく回転するんだね』

「玉は万能ですか」

『いや、玉が受けるスラストは限界があって。強力なスラスト力に対抗するためには玉でもアンギュラ玉軸受を使うよ』

「それはどんな構造ですか」

『玉が転道する内外の接触面の方向が少し傾いているんだ』

「図では1方向のスラスト力を受ける構造ですね」

『だから対にして使用するといいんだ』

「平面に大きい荷重を受けながら回転しなければならない構造がありますが、この場合もアンギュラ形を使いますか」

『たとえばパワーシャベルの旋回部は上部に大型の構造物から成り立っているけど、そのようなときは平面座でスラストを受ける平面座スラスト玉軸受が必要だ。これは転道面が座金の形をしていて、回転する軸がはめあう側を内輪、固定するハウジング側を外輪と称していて、内輪の穴は外輪よりやや小さくしている』

「それは強力ですね」

「ころはどのようにしてスラストを受けるんですか」

『ころ軸受の構造は内外輪に案内つばを設けていて、その案内つばでスラスト力を受ける構造になるんだね』

アンギュラ玉軸受

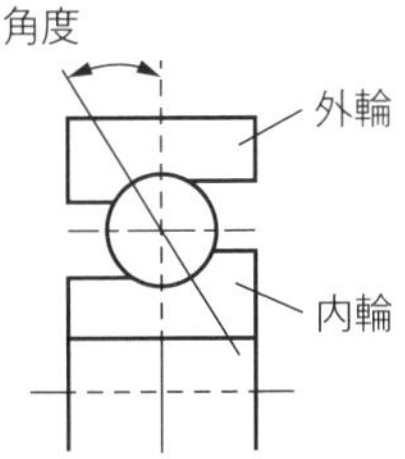

平面座スラスト玉軸受

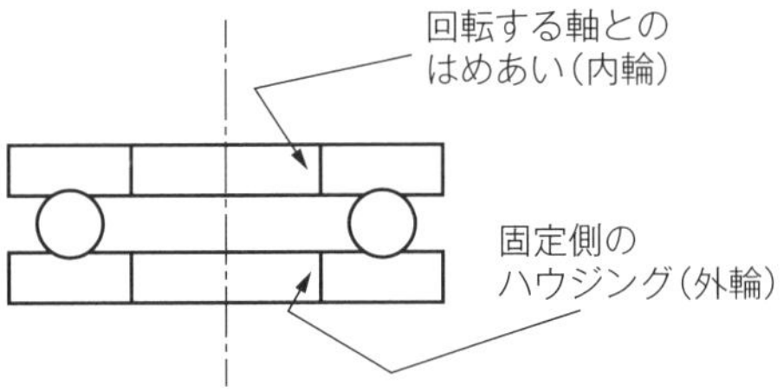

主なころ軸受

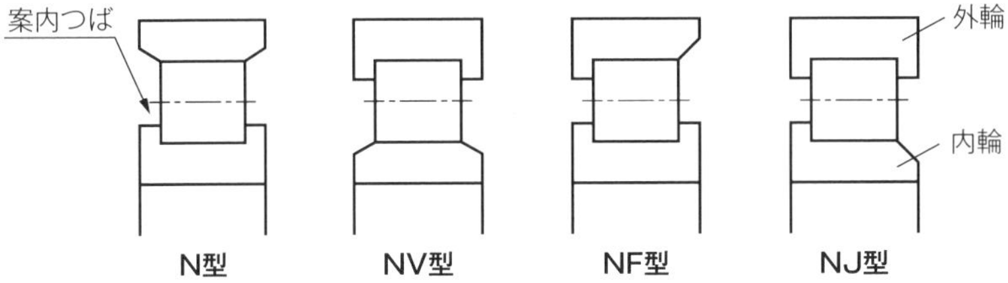

「ころ軸受はラジアルもスラストも同時に強い荷重を受けるんですね」

『スラストの分析はあとにして、ころ軸受の長所を説明しよう。まず、ころは玉と比較して大きい力を受けることができるということだ』

「玉ところの大きさの違いですか」

『そうではなくて玉は内外の転道面と１点で接触することになるんだね。しかい、ころは線状に接触しているよ』

「そうかぁ。接触部分が大きいなら受ける荷重も余裕ができますね」

『だからころは耐荷重に余裕があるんだね。大荷重を受けるときは玉軸受よりころ軸受を使うことがわかるだろう』

「でもその場合は２個以上使えばいいですよ」

『構造上のスペースに余裕があることや、製造原価の点から限界があるだろう』

「それより１個で充分というわけですか」

『ころ軸受の構造を説明しよう。図に示すような代表例があるんだ』

「どれも変わらないようですよ」

『詳細に見ると、ころを固定する内外輪に案内つばの有無と位置が異なっているんだね』

「そうです。しかし目的がわかりません」

『案内つばがない部分は軸方向に引っかかりがなくなるから、分解できるんだ。案内つばはころを固定しているから外せない』

「それはわかりますが、案内つばの有無や位置が変わっても同じではないですか」

『組立するときを予測してみたらどうだね』

「わかりません」

『軸受を軸にしまりばめではめあわせるときには、多くが加熱して軸受の穴を膨張させるんだね。それができないときは叩いて入れるか、圧力で挿入するんだ』

「穴のときはどうなりますか」

『その場合は穴に叩き込むか、プレスなどを使って圧力挿入だね。組立時に内外輪が一体構造のままではめあいを行うなら、軸のときは外輪が、穴のときは内輪が邪魔になるんだ』

「それなら内外輪を分けて別々にはめあわせたらいいですよ」

『よく気付いたね。そこでだ。案内つばが付いていない内外輪部を分割しておき、最初に案内つばがある方を組み立てたあとに他方をはめあわせたら作業がやりやすく、軸受の品質が保てるんだ』

「どんな品質ですか」

『叩き込んではめあわせると、どうしてもころが間接的に転道面に当たってキズがつきやすいんだ』

「そうなると軸受の寿命が短くなりますね」

『組立のとき転道面にキズが生じたかどうかは試運転時の異音の有無でしかわからないから、新しい軸受に交換するとしたら大変だ』

「組立では軸と穴のはめあい方法によって、ころ軸受の形式を選択しなければならないわけですか」

『ころ軸受のこれらの型式の名前は必須だよ。笑われないようによく覚えておいた方がいいよ』

「この型式は組立時の対応だけの理由ですか」

『もっと重要なことがあるよ。実は稼働中の温度上昇によって軸受が膨脹するんだね。そのとき案内つばがない部分は拘束がないから、軸方向に自由に伸びるし、大きいスラスト力を受けても損傷しないんだね』
「なぁーるほど」

コラム

落ち葉回収法

日本の大学構内における落ち葉の処理は、今でも熊手やほうきを使った手作業を多く見ます。落ち葉をかき集めたら1カ所に集めてリヤカーの荷台に乗せて運んでいます。

アメリカに留学したとき、現地の大学では掃除機を使っていました。掃除機は超大型で吸引するパイプ（内径は200mm）があり、回収装置はタンクローリ並の大型の車両でした。物事の機能を考えるとき、この場面では落ち葉を回収する目的を達成するために、吹く、吸う、かき集める、飛ばすなどの動作が考えられます。合理的精神の旺盛な彼らは熟慮して基本から選び、使用することに長けているように感じます。

羽根のない掃除機もそうした考えから生まれた商品でしょう。羽根は危険だから替わりに風をどんな方法で発生させるかを選択することが基本のコンセプトです。あとで羽根がない商品を見ると、なぁーんだという気持ちになりますが、それを実行して商品化することが優れています。

従来方法を正当化せず、基本に立ち返って動作を検討することが発明と新商品化に結び付きます。

攪拌機はおおかた内部にプロペラ状の羽根が回転します。羽根が摩耗しますから定期的に取り替えの必要があります。これだってほかに方法がないかと考えてみる余地はあります。側面から高圧噴射して攪拌する、あるいは底部から上方に吹き出す泡を導入することも可能でしょう。

第23話　こんな軸受はどう使う
——特殊軸受

『スラスト力が大きいときは玉ではアンギュラ形の軸受を使ったが、自動調心軸受という型式があるんだ』
「調心とはどんな意味ですか」
『外輪の転道輪の断面を円弧状にしている形だ。こうすれば円弧が左右方向のどちらにもスラスト力を受けることができるんだね。普通は内外輪の軸方向はまったく同一であることが精度を確保することになるけど、円弧状であれば玉は円弧に沿って不安定になるから軸方向に差異が生じてくるんだ。自動調心玉転受では、玉を２列に配しているよ』
「どうしてそんな不安定な円弧にするんですか」
『外輪が円弧に沿って方向が変わるということは、固定した内輪に対して外輪を収めている部分が傾くんだ。つまり、傾いた外力に対して、その大きさに応じて自動的に傾きながら力を受けて回転するように配慮した型式なんだね』
「ヘェーツ。そんな外力のかかり方にも対応できる軸受ですか」
『玉だけでなくて、ころを使った自動調心ころ軸受があるよ。だから、ころを球面を持った形に造り、外輪の転道面の円弧に沿って回転する。これも２列にしているよ』
「そうするとスラスト力にも耐えて、外輪の軸方向にも対応できるとなればかなり強力ですね」
『この軸受は重機械で外力の変動や方向が変わりやすい機械に使用するんだ。高価だけどね』
「単純にスラストに耐えるころ軸受はありますか」
『その場合は円錐型のころを使用することができるよ。普通は２個を対にして使うんだ。円錐型だから対スラストには強力だね』
「外輪には案内つばがないから、２列なんですね」

自動調心玉軸受

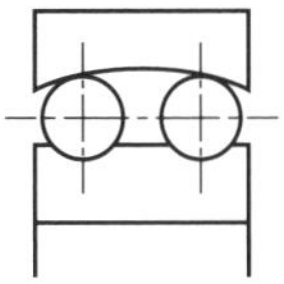

自動調心ころ軸受

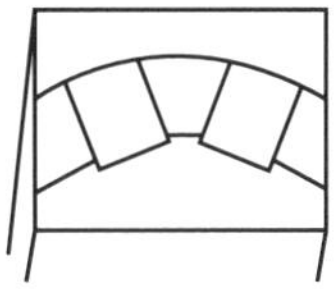

円錐ころ軸受

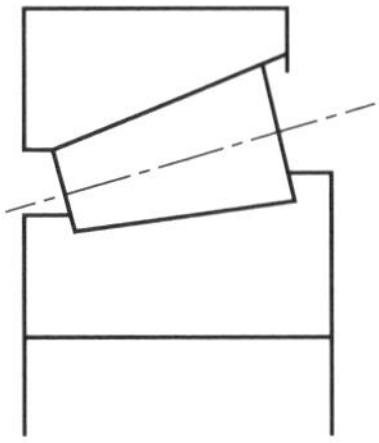

針状ころ軸受

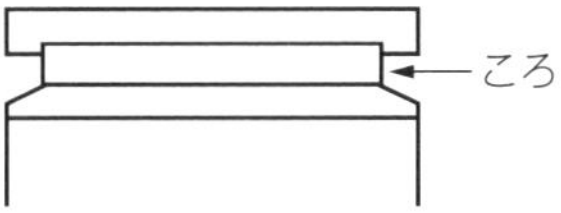

『そう。気を付けることは円錐ころの方向が異なる対を使うんだよ。外輪は外れないようにほかのフランジで固定しているよ』

「座にスラスト力がかかるころ軸受もありますか」

『もちろん。それはスラスト自動調心ころ軸受といって、円錐形のころを使う最も強力なスラストを受ける軸受だ』

「今までそんな種類も使い方も知りませんでした」

『転がり軸受は剛性が強いこと、耐食性があること、摩耗しにくいこと、高温に耐えることなどの特性がいるんだ。だから多くは特殊な軸受鋼を使って製造するんだね。さらに焼入れして研磨して寸法や粗さの精度を確保しているよ』

「玉やころと転道面間のすきまは少ないですね」

『数 μm のオーダーだね。しかし、使用する環境の温度が高くなれば膨脹するからすきまを選択して使うんだ』

「すきまが異なる種類も揃えていますか」

『軸受の選択は、第一に軸受自体のすきまの選択をしなければならないけど、第二に組立時のはめあい時にしまりばめを採用するときは注意しなければならない』

「しまりばめと関係しますか」

『しまり代の大小によって軸受のすきまが変わるからね。これは特に重要なポイントだよ。それに温度上昇する場合、すきまの減少分を想定しておかなければならない』
「しまり代ですか。温度上昇によって適正な軸受のすきまを選択するわけですね。よく注意します」
『そこで、軸に軸受を使わずダイレクトに挿入した穴側が回転できて摩耗や温度上昇など異常がなければすれば、軸受を入れる穴径も大きくする必要はなくなるんだがね』
「そのときはすべり軸受を使ったらいいでしょう。肉厚を薄くして」
『でもすべり軸受は転がりに比較して摩擦係数が大きくなるからね』
「そんなことは無理ですよ」
『そんなときに使える針状軸受があるんだ。ニードル軸受とも言っているよ』
「どんな形状ですか」
『ころの直径が小さくて長い。小径だから軸受の内外輪の肉厚を薄くできるんだ』
「そうすると軸受の外径が小さくなりますね」
『はめあわせる穴は小さくできるし、1つの方法として外輪の替わりとして、はめあう穴を硬くすれば外輪を不要にできるから、構造がコンパクトになるんだ』
「それはいいですが、欠点があるでしょう」
『大きい問題点は回転するときに長い針状のころがすきまがあるためにねじれて、軸受自体がスラストを発生するんだ。それに針状ころは受けるラジアル力が小さいんだね』
「しかし、特殊な使用箇所には向いていますね」
『スウェーデンの某社の品質は最高だよ』
「先生。軸受の玉はパチンコに使えますか」
『サイズを合わせたら使えるだろうが、材質が違うから釘との反発が違うだろうね』
「パチンコ玉の材質は何ですか」
『浸炭鋼に浸炭して焼入れしているよ。でもそんな姑息なことは止めておきなさい』

第24話　遠くに伝える

——巻き掛け伝動

『回転、すなわちトルクを遠隔に伝達する機素があるよ。今まで身近で見ているはずだね』
「知っています。ベルトでしょう。チェーンもあります」
『大学の１年生で機械実習をしたとき、旋盤を使ったよ。大型の原動機が１台で数台の旋盤をベルト駆動していたから驚いたね』
「今はそんな旋盤はありませんよ」
『校内の博物館に展示してあるんだ。懐かしいね』
「どうして旋盤１台ごとに電動機を付けなかったんですか」
『小型電動機を製造する技術力不足と、製造原価が高くなったためだろう。馬力は小さかったけどベルト掛けは構造が簡単だったんだ』
「その電動機は一定の回転ですか」
『電動機の回転数は一定だが、回転数を変換するときは径が異なるプーリを替えるんだ』
「それでは作業性が悪いんじゃないですか」
『そのときは平ベルトを使って、速度が秒当たり 15 m ぐらい（通常 10～20 m が適正）、ほかのプーリを回転する比率は 1：4（速比は 1：6 が適正）だったよ』
「ベルトの材質は何ですか」
『布だったね。ほかには皮、鋼、ゴムがあるよ』
「ベルトが外れることはなかったですか」
『プーリの外周はクラウンと言い、中を凸にしてそれを防止しているんだ』
「それだけで充分ですか」
『プーリに巻き付ける角度（巻掛角度）を大きくしない方がいい。180°以上はとることだね。さらに、ベルトにゆるみが出たら外れやすいから、軸間の距離を調整できる緊張機構を設けているんだ。ほかには軸間の途中に遊びのプー

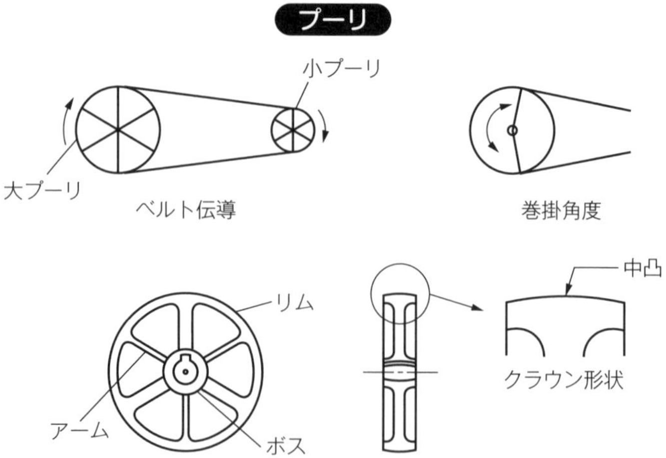

リあるいは単なる回転物（遊び車）を入れてベルトを押さえて緊張する仕組みも採用しているんだね』

「設置時の注意点はありますか」

『遠隔で回転するからといっても軸と軸の関係が大事だね。たとえば軸と軸は平行度が必要だ。その精度が出ていないと、ベルトがねじれてしまうから外れるよ。もちろん軸同士の食い違いもないように設置しなければならないね』

「それは難しいですね。遠隔で精度を出すとなると」

『プーリの軸方向の出入り位置も重要だよ。相互のプーリのクラウン中心線が合っていなければミスするからね』

「だったらさらに難しいです。3次元で合わせるわけですから」

『合わせるにはコツがいるよ。熟練したベテランが据え付ければの話だがね』

「プーリの材質は何ですか」

『鋳鉄を多く使っているんだ。ほかにはアルミ、鋼、木材、プラスチックもあるよ。寸法と形状はJISで規格化しているので、市販の標準品を使うことができる』

「それには理由がありますか」

『プーリは回転とトルクを伝達する役目だから、耐強度を持っていればいいんだ。あとは軽量にするためと量産効果を狙って鋳物品を多く使うんだね』

Vプーリ

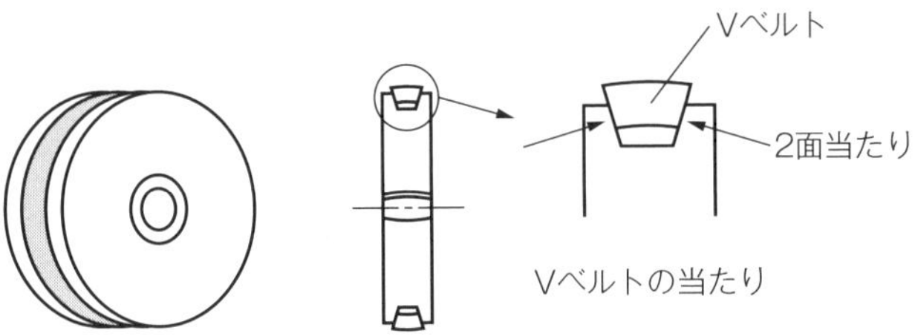

チェーン伝導

「同じベルト伝達でVプーリがありますよ。この使い分けはどうしますか」
『Vベルトは平ベルトより摩擦係数が大きいからメリットがあるんだ』
「その長所は何ですか」
『ベルトはV溝に巻き付いて2面に接触しているから、摩擦力が大きい。だから軸間距離を短くでき、速比が1：10まで、速度が秒当たり25 m、巻掛角度も120°はとれるんだ』
「コンパクトになるわけですね」
『VベルトにはM、A、B、C、D、Eの型式があるから寸法と形状を確認しておきなさい。長さのサイズも標準化しているよ』
「先生っ。チェーンがありました。これは強力ではないですか」
『チェーンによる伝動だね。代表は自転車だ。これは小型の機器に応用している。たとえば軸間距離は4 mまで、速度は毎秒8 m、巻き掛け角度が小さく、速比は1：7まで採用することができるよ。しかも、小型コンパクトなチェーン駆動は確実性では1番だ』
「でも自転車が古くなると、ときどきチェーンが外れて困ります」

『それはチェーンが伸びてゆるみが出ているからだよ』
「どうしますか」
『自転車を見たらわかるんだが。後輪の軸はスライドできる機構を持っているからゆるみが出たら、軸を移動してチェーンを緊張させるんだね』
「そんな細かい配慮がしてあるんですか」
『緊張が効かないほど伸びたら、チェーンのリンクを1つ除いて短くすればいいよ』
「誰でもできますか」
『機械屋ならできるよ。それにスプロケットとチェーンには、ときどき注油することだね』
「ゴム製の歯形を持つチェーンもあります。静かです」
『でも、金属チェーンより切れやすいかもね』

プーリや
スプロケットにも軸受は
必要なんだよ
回転を伝えるには
いろんな機素が
組み合わされて
ますね

第25話 大きい力はいらないよ

——てこ

『天下の城は石垣を築づいて土台にしているけど、どんな名城があるかな』
「大阪城、姫路城を見たことがあります。熊本城は毎日見ています」
『見るだけで何か感じなかったかな』
「ごついです。それに石が大きい」
『昔、機械がない時代にどうやって運んで積み上げたんだろうかと考えたことはないかい』
「牛馬を使ったんではないですか」
『石は運ぶ作業と、釣り上げる作業が必要だね』
「運ぶためにはころでしょう」
『そう。ころを敷いて石を載せて牛馬を使って運んだんだ』
「でも持ち上げるにはどうしたんですか」
『吊るためには何が必要だろう。相手は大石で大重量だ』
「小が大を制するというわけですか」
『てこだよ』
「そうか。小さな力ですむんですね」
「てこは力の点の作用で分類すると３種類があるんだ。第１種のてこは支点、力点、作用点の３点が直線上にあり、それらの位置は支点が中にあって左右に力点と作用点がバランスをとっている」
「バランスはヤジロウベェと同じですね」
『そうだね。作用点に大石を置いたとき、作用点と支点間の距離を短くして、支点と力点間の距離をできるだけ長くすればバランスが取れて、力点に加える力が小さくてもいいんだね』
「人間の力でてこを使って築城したんですか」
『この原理を使う例が身近にいくつもあるよ』

てこの原理

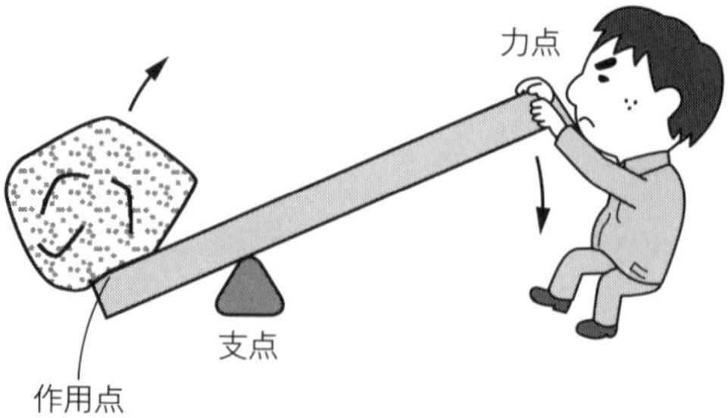

「ハサミやペンチですか」
『缶切り、スパナ、爪切りもそうだね』
「それだけでは築城できないから、別のてこの原理も使ったんだ」
「第２種のてこですか。支点の位置が違うんですね」
『同じく各点は直線上にあるけど、支点が最端にあるんだね』
「そうか、こねるんですね」
『図で読むとＦ×Ｌがｆ×ｌになるから、ここでもｆの力点は小さくても大きいＦを出すことができるんだね』
「そんな機器にはどんなものがありますか」
『栓抜きがあるだろう。台付きのペーパーカッターもそうだね。ほかには、くるみ割り器、レモン絞り器（半月型）などだ』
「支点は何を使うんですか」
『それは石でも丸太でもいいだろう。要するに荷重がかかったときに潰れないで受けてくれたらいいんだ』
「そんな原理を昔の人は知っていたんですか」
『知らず知らずのうちに、体得していたんだろう。それが伝統的な匠の技だね』
「もう１つの、第３種のてこの原理はどうなりますか」
『それは考えればわかるだろう。第２種の原理のうち、力点と作用点の位置が交替しただけさ』
「というと、力点が支点と作用点の間になるんですね。そんな機器はありますか」

てこの3つの原理

第1種のてこ

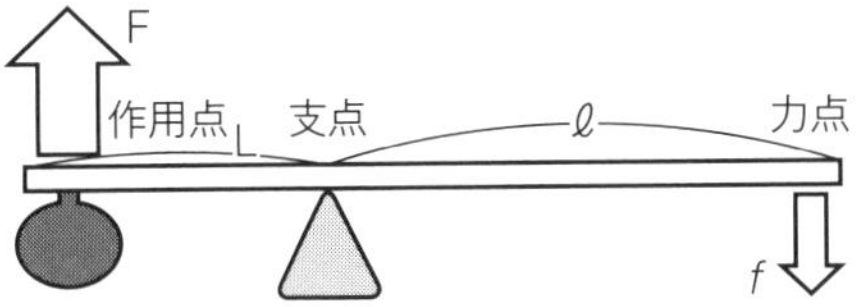

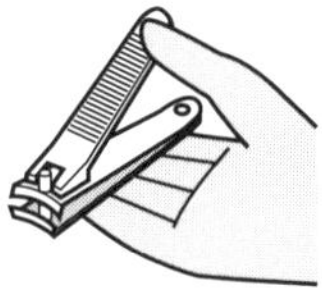

ハサミ、ペンチ、缶切り、
スパナ、爪切り

第2種のてこ

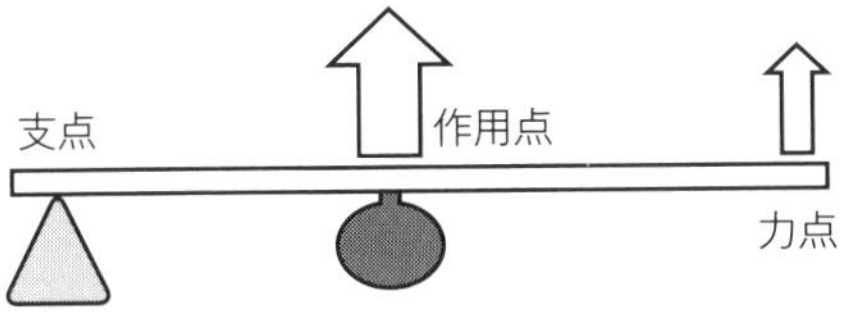

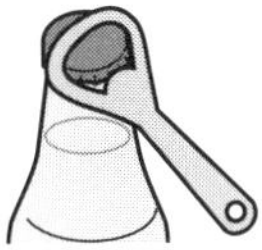

栓抜き、
台付きのペーパーカッター、
くるみ割り器、レモン絞り器

第3種のてこ

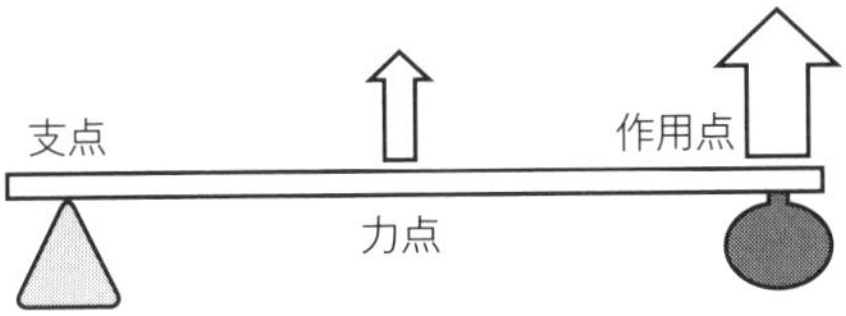

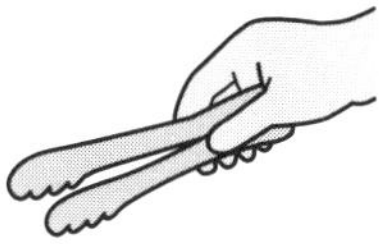

ピンセット、箸、トング、
ステップラー

『ピンセット、箸、トング、ステップラー（ホッチキス）もそうかな』
「それらの原理を応用しながら築城したんですね。スゴイや」
『支点は何を使うか気になっただろうが、実際は直線の働きをするバーが必要だよ。これも荷重で折れなくて曲がらないことが重要だね』
「長い丸太を使ったんでしょうね」
『恐らく丈夫で軽い材木の檜《ひのき》や松などだろうね』
「エジプトのピラミッド建設でもてこを使ったんでしょうね」
『恐らくね。紀元前の人たちでさえこの原理を応用したということになるよ』
「世界の3大建設のうちの1つに万里の長城がありますよ。これも同じでしょうね」

『チリのイースター島にモアイ像がある。この建設の経緯はまだ解明されていないな』
「てこの原理でしょう。でも高さが20 m、重さが90トンもある像があるそうです」
『ここではてこだけでなく、石切り場から運搬した方法、吊った方法がわからず、世界の7不思議だ』
「先般、日本の研究者が現地で実験しましたよ」
『そうだね。吊りながら運ぶために、松葉杖のような器具を造って、運搬することができたようだね』
「しかし、立て方がわからないということです」
『それもてこを利用したと思うよ。モアイの体の臍《へそ》を支点にしたら、足が作用点になり、頭を力点として引っ張り上げることが可能だね』
「そういうバランスにしたあとで、全員が頭をロープで引くんですね」
『ところで科学者のアルキメデスはてこを使って地球を動かそうとしたという文献が残っているよ』
「すごい壮大な発想ですね」
『私は柔道の経験があるからいえるが、多くの技がてこの原理を応用しているんだ』
「技がてこですか」
『ここでも小が大を制すというわけだね。柔道の技はまさにそれだ』
「スポーツの多くはそうではないのですか」
『人間は自分の体をてこの原理に基づいて動作させているようだね』
「野球も、サッカーも、水泳も、体操もすべてといっていいほどスポーツ選手が、自分の体の中に支点を置き、力点と作用点をバランスさせて上手く技を発揮していると思うよ。持っている体力、エネルギー、しなやかさを利用してね」
「それが上手な選手がアスリートというわけですか」
『ところでてこを応用した原理がほかにもあるよ。小さな力を大きな力に変換する機械だ』
「そんな機械がありますか。エネルギーは不変ですよ」
『輪軸《りんじく》という原理だ。ヒントはドアノブにしようか』

「ドアノブですか。回すときはたしかに小さい力ですね」
『例えば私がイチローのバットの大きいところを持とう。君たちはグリップを持って回すことができるかな』
「それは無理です。だって大きい方は小さい力で回す力を制しますからね」
『それが原理だ。回転するとき半径はてこの支点が配置する直線で言えば長さになるんだね』
「そうすると半径が大きいと力が小さくてもよいということですね」
『ねじ回しもそうだよ。わかるかな』
「そうですね。理解できます」

大きい力が必要なときには
てこを使うといいんだよ
先生はてこでも
動かないときが
ありますが…

第26話 運動の方向を変える

——カム

『昔、英会話のラジオ講座の始まりに歌があって「カムカムエブリボディ～♪」と唄っていたよ』

「なんですか。そのカムカムは」

『最初、歌の文句がわからなくてカムカムという言葉が強烈だったね。カムは来なさい、エブリボディはみんなという意味だったが、機素でカムと聞くとすぐこの歌を思い出すんだ』

「そこで、カムとはなんですか」

『正確に定義すると運動の方向を変える機素で、回転軸（原動軸）に付けた突起物で、一般に外周を滑らかな曲線で構成し、軸とともに回転し外周に沿った従動節を周期的に永続して運動させるようにするんだ』

「定義すると難しいですが、カムに当たるようにピンやバーを設置すると、カムが回転してそれらの軸方向の運動が変化するんですね」

『最も代表的な機械は、内燃エンジンの燃料の吸排気を行うバルブを動かす部分にカムを使っているよ』

「知っています。そのバルブはカム軸の回転に沿って出入りします。カム軸を回転する形式にOHVとOHCがありますよ」

『その構造は各自調べてごらん。エンジンバルブの作動はカムの周期的な運動によってカム軸の回転をバルブの軸方向の動きに変えているんだね。すなわち、吸気のときはバルブを開けて燃料を入れ、爆発のときは密閉するために閉めておく。排気ではまた開けるという作用を行っているんだね』

「カムには種類がありますか」

『分類すると、平面カムと立体カムだね。平面カムは板カムと直動カム、正面カムがあり、立体カムは円筒カム、斜板カム、端面カム、球面カムがあるんだ。それぞれ動きに特徴があるよ』

カム（板）の運動

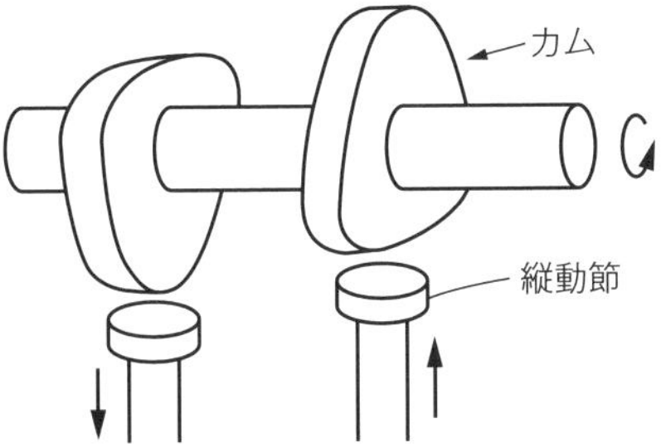

主なカム

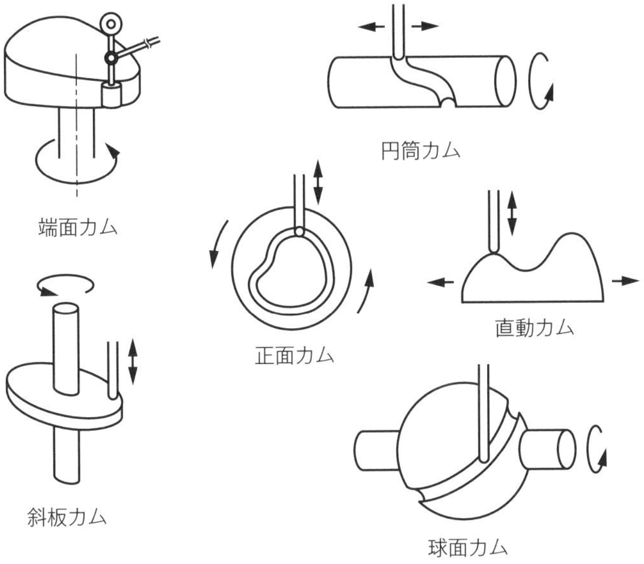

「わかります。面や溝の動きに沿って従動節の運動が方向を変えるんですね」
『その従動節の動きを利用して次の部品に伝えることが最終の目的になるよ』
「うまく考えましたね。こんな機構も昔から考えていたんでしょうか」
『文献によると、アラブ人であるアル・ジャザリという発明家が1200年初頭に表した「巧妙な機械装置に関する知識の書」でカムを使用する装置と組立方法の事例を紹介しているよ』

「ヘェー、そんな昔からですか」
『カムはシャフトにつけてカムシャフトとして使ったんだね』
「シャフトを長くするとカムは何個でも軸に設けられますね」
『その通りだ。よく知恵が回ったね。カムは従動節が始終接触するから摩耗するんだね。摩耗すると従動節の動きが微妙に変わってくるんだ。だからカムには耐摩耗が要求される』
「昔は自動車の保証期間が2年でしたが、現在は5年あるいは5万km走行などを保証しています。昔はカムが摩耗していたので保証期間が短かかったそうです」
『たとえば自動車の内燃エンジンのカムシャフトは耐摩耗のために、浸炭焼入れして硬さを高くしていたんだ。でもエンジン周りは高温になるため、硬さが落ちて急速に摩耗した。だから、高温でも軟化しないように窒化鋼を使用して500℃まで耐えるように窒化したんだね。これでかなり寿命が伸びたよ』
「現在はそのままですか」
『いや、そのあと今度は材料を鋳鉄に替えたんだ』
「鋳鉄は脆いから危ないでしょう」
『一般の普通鋳鉄はそうだが、鋳込み時にチル化したんだね。そうすると強靭になるし、硬くなり、もともと鋳鉄は耐熱性があるから好都合になった。このチル鋳鉄は金型に鋳込んで急冷して製造するんだ』
「考えましたね。だから保証期間が伸びたんですね」
『エンジンはわかったけど、ほかにカムを使った例はないかい』
「機械式時計の機構にも使っていると聞きました」
『物流分野の倉庫内で荷物を自動仕分けする搬送機器にも使っているね』
「歩き始めた乳児が歩行を訓練するときに使うカタカタ車も一種のカムではないですか」
『そうだろうね。カムが周期的にバーを上下させているんだね。同じような機構に餅つき装置があるよ。水車で穀物をつくときにもそんな機構を使っているよ』
「もぐら叩きのもぐらが出入りする機構もそうですか」
『それも簡単なカム機構の一種だね』

第5章

歯　車

第27話 回転を伝える
——歯車の用途

先生『歯車を使った器具や機械にはどんなものがあるだろう』
学生「それはたくさんあります。大きいものの代表は自動車です。小さいものでは、アナログ時計、電動プラモデル、プリンターやFAXの紙送り機構などですね」
『ところで歯車は最初は木製で造っていたんだ。たとえば水車があるよ。水のエネルギーを回転に変えて動力を得ていたんだね』
「水の重さで水車が回りますが、動力の変換はどうしますか？」
『水車の回転速度は水の流速で決まるので、必要な速度を得るために歯車で回転速度を変えるんだ。それは大小の歯車を噛み合わせたら大きい方は遅く回転することがわかるだろう』
「それはわかっています。しかし、力はどうなりますか」
『回転力、すなわちトルクはむしろ大きくなるんだ』
「それでは時計のねじを巻いたとき、ばねで回転力が伝わりながら力が大きくなるんですか」
『その通りだ。代表的な動力源には電動機があるけど、その回転は1分間に何回転かな』
「それは知りません。早いです」
『おいおい。将来の技術屋さんが知らないとはいけないな。4極の電動機なら周波数60サイクルのとき1800回転だよ』
「極数で決まるんですか」
『8極なら900回転だね。多くの機械はこのままでは回転が早すぎるし、トルクが小さいから歯車で減速し、トルクを大きくしているんだ』
「自動車も同じですか」
『エンジンの回転数は大きくて力が小さいから、トランスミッション内の歯車

さまざまところで利用される歯車

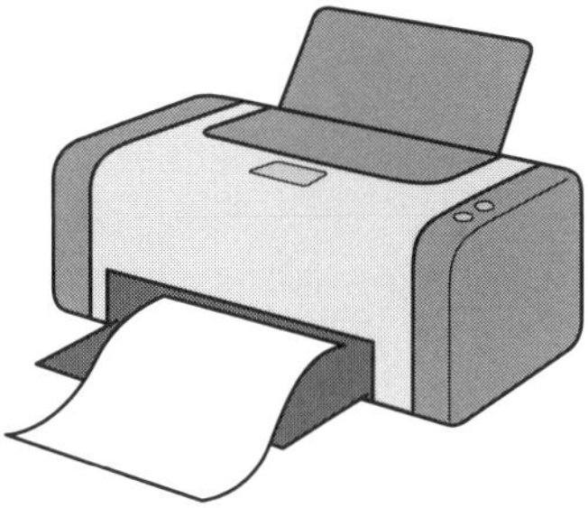

プリンター

自動車

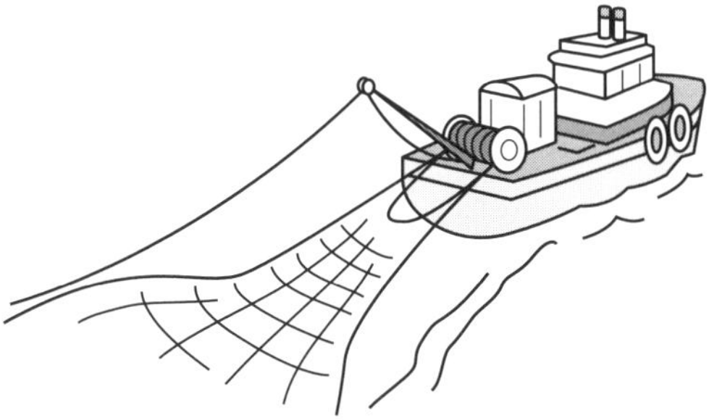

トロール船

で速度を小さくし、トルクを大きく変換しているんだね』
「その証拠がありますか」
『スタート時は力が必要だから１速のギアを使って動き出す』
「先生。今はそんな機械式の操作はないですよ。オートマが普通です」
『説明に例を示しただけだよ。でも欧州ではマニュアル（MT）車が多いと聞くよ。その方が事故が少ないそうだ』
「日本では、AT 車が多くて、ブレーキとアクセルの踏み違いによる事故が多いですね」
『ところでほかの例として風力発電機があるよ。プロペラは早くても１秒に１回程度の回転で回っているね。この回転速度では発電できないから、増速しているんだ』
「電動機の使い方と反対になりますね」

『風力発電機内には歯車を使っているんだよ。効率良く発電するには高速回転を得る必要がある』
「確か超高速歯車の技術を開発しているという話を聞いたことがあります」
『増速機に遊星歯車を使うとプロペラを受ける主軸部が小さくなり構造を軽量にすることができるから製造原価の削減ができるし、しかもダイナモ（発電機）の軸を２万回転に耐えるようにできたら高効率化が可能になるんだ』
「歯車メーカーはそれを競っているのですか」
『歯車は古くから使ってきているけど、まだ新しく開発する分野が残っているようだね』
「エレベーターにも歯車を使っていますか」
『エレベーターは一種の巻上機だよ。人が入る部屋はボックスで、その箱をロープで引っ張り、上下させているんだ。そのロープはドラムを回転させて巻き取っているけど、その回転は歯車を使って増減すると速度が変わるんだね』
「そうするとドラムの外部に歯車装置が付属しているんですか」
『現在はドラム内に歯車類を収めているね。歯車内蔵式のスマートなドラムが技術的に優位になっている』
「歯車は大きいからドラムの中に収まらないでしょう」
『ところが私が経験した歯車内蔵式のドラムは超小型の遊星歯車減速機を挿入したんだ』
「すごいですね。実用化しているんですね」
『当然ね。同じ巻上機にトロール船など漁業用の巻上げにも使っているよ。甲板上に据え付けてね。小型だからスペースが少なくできるんだ』
「ビルの最上階にはエレベーターで行けませんね。どうしてですか」
『どのビルを見ても屋上にぽつんと小さい突起部があるけど、あれはエレベーターの機械装置を格納した部屋だよ。だから最上階には階段で登ることになるんだ』

第28話 歯車と言えるのは

——歯車の諸元

『歯車は噛み合って伝達するから、滑らかに回転することが基礎になるよ』

「そのためには名前と意味を理解しなければなりませんね」

『細かい名前が付いているけど、そんなに複雑ではないよ』

「モジュールという言葉がありますね」

『あれは歯の大きさを示す単位で、歯の高さ、すなわち全歯たけはモジュール（Mo）の約2倍と考えればいいよ。正確には一般的に2.25倍が多く、2.17倍や2.3倍などもあるんだ』

「たとえばMo10のときは歯の高さがおよそ20 mmになりますか」

『逆に20 mmの高さであればMoが10と考えればいいよ』

「わかりました。慣れたらMoは見てすぐわかりますね。次に歯数ですが」

『歯数は自由だけれど、最小の歯数には制限があるんだ。制限と言ってもたとえば歯数（Z）が5とかになると歯車として成り立たないよ。というのは歯と歯の間隔が広くなって歯同士を連結できないだろう』

「すると最小の歯数があるんですか」

『ほかの条件、転位、圧力角、歯たけなどによって少し変わるが、標準歯車ではおおむねZは12ぐらいが最小かなぁ』

「転位とは何ですか」

『歯車はMoとZを乗じた大きさをピッチ円直径と言って、歯切りするときの基準にするんだ。これが普通の歯になる。でもピッチ円直径の位置の内外に歯切工具（一般にホブ）をずらして歯切りすることを転位と言うんだ』

「どんな形になりますか」

『外側にずらして歯切りすると歯が先尖りで歯元の幅が広く頑丈な形になるけど、内に突っ込んで歯切りすると根元が食い込んだ歯の形になるんだね』

「どうしてそんな歯を造るんですか」

歯車の各部

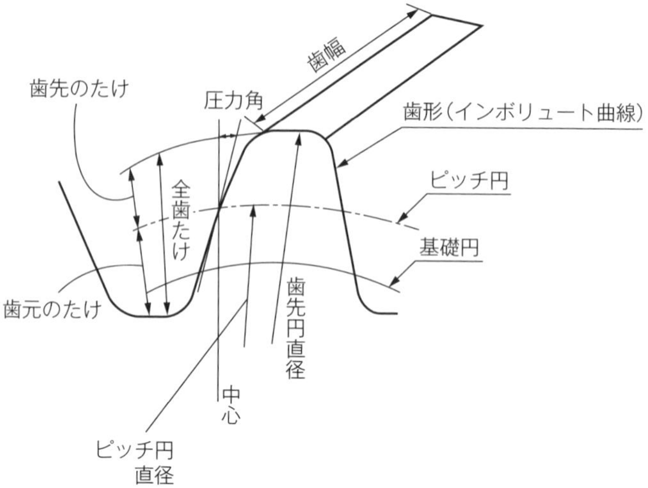

『噛み合いの改善や、歯の強度増強などの目的があるんだね。遊星歯車の歯の形（歯形）も転位を採用することが多いよ』

「すると歯数は最小歯数はあるけど、大きくなる方は無制限ですか」

『そうだね。しかし、あくまで歯車の大きさ（直径）は Mo×Z に影響されるから限界があるよ』

「歯車の直径はどうなりますか」

『ピッチ円直径は歯が噛み合う位置を基準にしていて、歯はその位置で正しく噛み合うんだね。一方、歯たけはそれより Mo 分だけ高くしているんだ。だから歯車の外径すなわち直径は Mo×Z に歯の高さの Mo 分を 2 個分プラスした値になるね。MoZ＋2Mo となるよ。歯車の直径は歯先円直径とも言っているね。ついでに 1 個の歯のたけは全歯たけといって、歯先のたけが Mo、歯元のたけが 1.25 Mo だから、合計して Mo の 2.25 倍になるんだね』

「MoZ＋2 Mo の式の 2 Mo とはなんですか」

『直径だからピッチ円直径に Mo が 2 個分加えた寸法が歯の高さになるよ』

「歯の形は円弧ですが、どんな形ですか」

『一般に多く使っている形はインボリュート歯形だね。形の作り方は円板に糸を巻き付けたあと糸の先端に鉛筆を付けて円板を回転させながら糸を解いていくと、そのときの鉛筆が描く形になるんだ』
「ヘェー、面白いです」
『円板をその歯車の基礎円と言って歯の形、すなわち歯形の基準になるよ。ほかにはサイクロイド曲線という歯形もあるけど、歯車に使うことは少なく特殊だね。高速道路の曲線に応用されているようだ』
「同じ歯形でなくては噛み合わないですね」
『当然だね。歯形は正しいインボリュートでないと滑らかな噛み合いにならないよ。次にピッチの話をしよう。ピッチとは何ぞや』
「間隔のことでしょうか」
『そうだね。歯車では歯と歯の間隔、あるいは溝と溝の間隔を示すから、2 個の歯車が正しいピッチでないと滑らかな噛み合いにならないから精度が必要になるよ。重要だ』
「ピッチが狂ったら大変なんですね」
『次は歯幅だね。軸方向の歯の長さだ』
「これは無制限ですね」
『しかし、あまりに長い歯幅になれば精度維持が難しくなるから限界があるよ。
「どれくらいが限界ですか」
『決まっていないがおおよそ Mo の 10〜15 倍までが限界ではないかな。歯幅の方向を精度上特に歯すじと称しているよ』
「歯が狂うと噛み合いが悪くなるわけですね。1 つ、忘れていました。圧力角とは何ですか」
『歯形のピッチ円形の位置において、中心を基準にした傾きだよ。多くは 20°だが、噛み合いを改善するための 14.5°、歯の曲げ強さを増すための 30° なども使っているよ』
「歯切りするホブは圧力角が決まっているんですか」
『そうだね。だから同じ Mo でも圧力角が異なるホブを揃えなければならない』
「同じ圧力角でないと噛み合いませんね」
『イエスだ。会話もスムーズに噛み合ってたね』

第29話 スムーズな回転のために
――歯車の種類①

『歯車同士の噛み合いは七夕式がいいよ』
「何ですか。彦星と織姫が関係してるんですか」
『そうなんだ。いつでも逢えるとときめきがなくなるからね。君は……、そうか、誰もいないのか』
「いたら1年に1回でいいというわけですか」
『歯車が噛み合うとき、同じ歯同士がいつも噛み合うと互いに馴染んでしまうだろう。1枚の歯が精度劣化し摩耗したら噛み合っていた歯も急速にそうなってしまうからね』
「どんな例がありますか」
『小歯車（ピニオン）の歯数に対して、噛み合う歯車（ギア）の歯数が割り切れて整数になる比であれば、いつも同じ歯と会う機会が多くなるだろう。それがいけないのさ』
「すると割り切れない比がいいですね。となると、対策は小歯車の歯数を素数にすればいい」
『ご名答。13とか、17などだね。図面を読むとこのような例が見られるから注意した方がいいよ。こんなことがわかるのは現場経験した人でないと無理だだね』
「できない場合がありますよ」
『確かに。できるだけという意味だ』
「歯車の使い分けはどうしますか」
『図に沿って順に注意点を説明しよう。平歯車は構造が簡単で製造しやすく製造原価も安くできるから最も多く使用しているんだ。欠点は騒音が発生しやすいね』
「対策はありますか」

歯車の種類

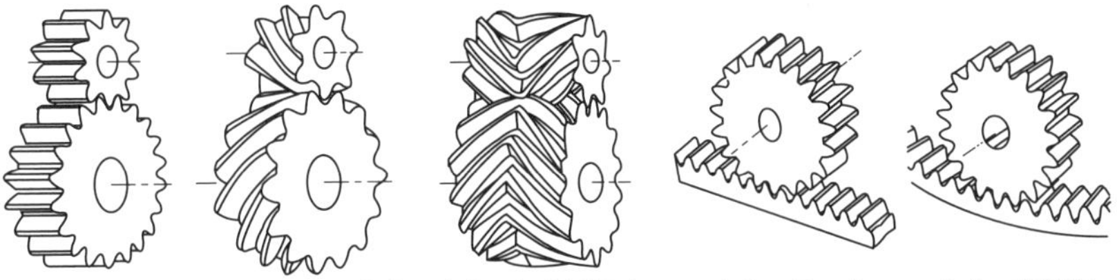

(a) 平歯車 (b) はすば歯車 (c) やまば歯車 (d) ラック (e) 内歯車
(二軸が平行な場合)

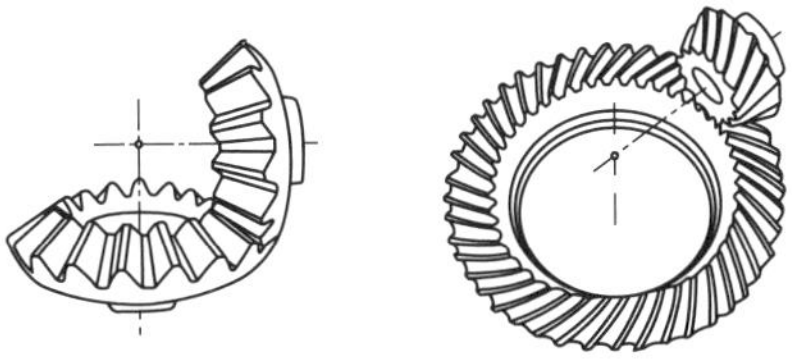

(f) すぐばかさ歯車 (g) まがりばかさ歯車
(二軸が交さする場合)

(h) ハイポイドギヤ (i) ねじ歯車 (j) ウォームギヤ
(二軸が平行でもなく交わりもしない場合)

出典:「最新機械製図　改訂版」山本外次他、科学書籍出版、平成3年、p. 199

『圧力角を小さくしたり、転位することで常時噛み合いする範囲(噛み合い率)を大きくすればよいけど、少し高度かな。歯はいつも1枚同士が噛み合っていないんだ。1以上で、これが大きい方が強度や騒音発生の点から改善できるよ』

「それじゃ、はすば歯車を使えばいいでしょう」

『そうすると噛み合い率がもっと大きくなり騒音が激減するんだね。もちろん耐強度も余裕が出てくる』

「はすば歯車ばかり使えばどうなりますか」
『はすば歯車は噛み合うときの反力が軸方向にスラストとなるから、スラスト力を受ける軸受を選定しなければならなくなるよ』
「痛しかゆしですね。はすば歯車のねじれは一定ですか。それを加減すればいいのでは」
『大方のねじれ角度は12.5°、15°、20°、22.5°、25°ぐらいまでだが、稀に30°もあるようだね。この角度は自由だよ。しかし、設計や製造するときの効率を考えてメーカーは一定の数値を決めて使っている例が多いね』
「ねじれの方向もありますね」
『ねじと同じように、軸方向に見て回転したときに先に進むなら右ねじれだ。互いに噛み合う歯車同士は当然、ねじれ角度が相反しているんだよ』
「ねじれ方向が異なる歯を同時に持っている歯車がありますよ」
『それはやまば歯車だね。やまば歯車の長所はスラスト力が打ち消し合ってなくなるからいい』
「それじゃ全部そうすればいいです」
『それは問屋が卸さない。歯切りするときはホブが加工した歯に当たって干渉するんだ。すなわちホブの逃げがいるんだよ』
「干渉しないように逃げの長さを大きくしたらいいでしょう。すなわち互いのねじれた歯の間隔に広い溝を付けたらいいです」
『それはできるよ。結果として歯車の軸方向に長くなるだけのことだね』
「ホブを使わないで歯を切ることはできないですか」
『うまい点を突くねぇ。それがあるんだよ。ホブの替わりにカッターという刃物で歯筋方向に少しずつ切り込んで歯を創成していくんだ。その場合逃げの幅は数mmあればよい』
「欠点は何ですか」
『ホブ切りと比較してカッター切りした歯は精度がやや落ちるんだ。それにホブ切りより素材の硬さの限界が低いようだ』
「もちろん歯切機械も違うんですね」
『特殊な機械や装置を製造するメーカーは種々の機械を揃えているけど、現在はホブ盤がもっと多いね』

「平歯車、はすば歯車、やまば歯車はどれも互いの歯車の軸方向は同じですね」
『これを２軸平行型というんだね。だから歯車の精度が良くても歯車の軸を固定するための穴の位置精度が噛み合いに影響するんだ』
「歯車を収める歯車箱の穴精度ですね」
『その穴は平行だけでなくて食い違いの精度も小さくしないといけないね』
「難しいですね」
『歯車の精度を確保すること、それを収める歯車箱の精度を確保すること、使用する軸受の精度が高いことなどが総合して歯車の噛み合いがを維持するんだね』
「それがスムーズな回転に繋がるんですね」

コラム

高速遊星歯車の開発

遊星歯車装置の等配機構を維持しながら高速回転するときに発生する問題点は、遊星歯車が高速で太陽歯車の周囲を回転するときに極めて大きい遠心力が生じることです。予測する主な現象は１つ目が遊星歯車を固定する軸受の破壊であり、２つ目は内歯車を内包するケーシングの破壊です。このほかに内部に封入する潤滑油の過熱があります。しかし、高速で等配を維持するためには、内歯歯車の剛性を小さくして弾性を持たせる方法や、遊星歯車を保持する軸の浮動化などを試験する余地があります。

主現象の対策を検討すると、軸受はころ軸受の耐強度に限界がある以外に、ころ軸受に発生する大きいスラストがありますから、すべり軸受を採用することが必須です。

遠心力の低減対策には、太陽歯車および遊星歯車の外形を小さくする以外にありません。そのためには歯幅を広くとってトルクを受け、遠心力を小さくすることです。

高速の遊星歯車装置の確立のためには部品の弾性を利用することが必携と思われますし、発明できれば従来の分野を大きく拡大できます。

第30話　こんな回転もできるよ

——歯車の種類②

『歯車同士は普通、外周の歯と噛み合っている外接型が多いけど、1個の歯車の内側に歯を創成して内歯車とし、もう1個が内接して噛み合う例もあるんだね』
「内歯車型ですね。遊星歯車装置はこの型式でしょう」
『そうだね。遊星歯車装置は内歯車に数個の遊星歯車を噛み合わせて荷重を等配しているんだ。これは内接型の噛み合いだね』
「等配って、荷重を分配することですか」
『そうだね。等配の方法は各社独自性があって特許になっているんだ』
「すると内歯車は小型になりますね。歯切りができますか」
『径が大きいときはホブ切りできるが、遊星歯車では小径になるからピニオンカッターを使い、上下に回転しながら送りをかけて切り込み、歯を創成していくんだね。専用の歯切機械があるよ』
「Moごとにピニオンカッターがいるんですね」
『そうだね。内歯車の歯切りは比較すると精度を出すことが難しいね』
「技術がいるというわけですね」
『多くの歯車は回転するけど、直線で噛み合いながら走る歯車もあるよ』
「どんな構造になりますか」
『内歯車のリングを1カ所切断して直線に伸ばしたと考えればいいよ』
「そうしたら長いレール状になりますね」
『その直線上を外歯車が噛み合いながら進行するという形だね』
「それは可能ですね」
『直線状方向に歯を切った歯車をラック、噛み合う外歯の歯車をピニオンと言って、この組み合わせをラックアンドピニオン構造と言うんだ』
「どんな使用例がありますか」

遊星歯車機構

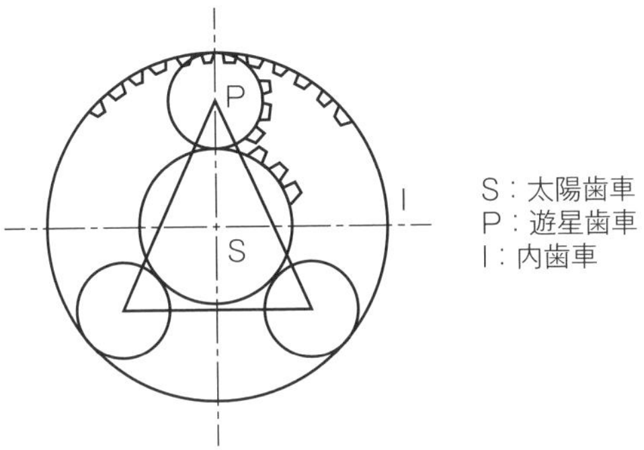

内歯車の歯切り

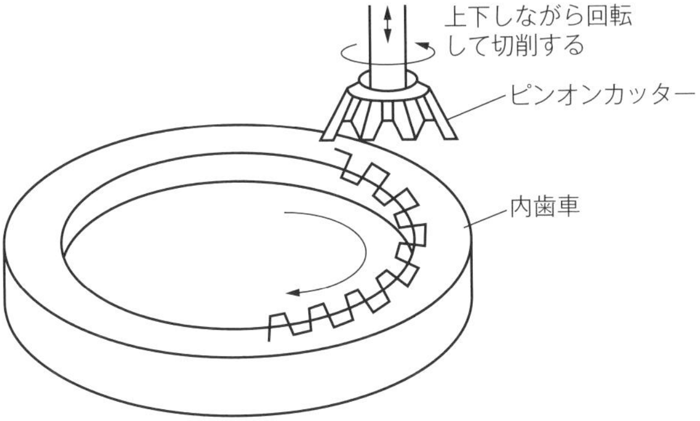

『たとえば、みかんを収穫したコンテナを山から下に運ぶときにレールを付設しているんだ。レールにはラックの歯を設けておき、レール上の台下部にそれと噛み合うピニオンで駆動するんだ。もちろんピニオンの駆動はエンジンで行うから上にも移動できるよ』

「スイスの山岳電車にもそのような軌道式がありました」

『最近、ブータンの山岳地帯では電車が引けないので、簡易な乗り物としてその技術供与の話がきているよ』

「構造が簡易でいいし、歯車同士で噛み合うからかなりな急斜面にも合います」

『軌道電車以外に身近にもその構造があるよ。自動車のハンドルの機構もそれ

かさ歯車の種類

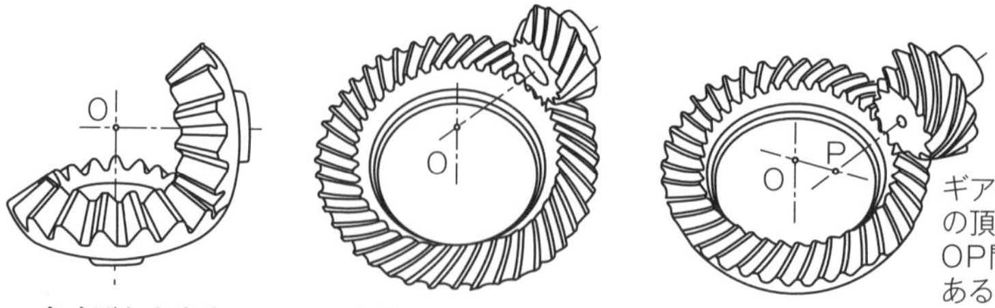
ギアとピンオンの頂点が合わずOP間に間隔がある
すぐばかさ歯車
まがりばかさ歯車
ハイポイドギア

出典：「最新機械製図　改訂版」山本外次他、科学書籍出版、平成3年、p. 199

だ』

「知りません。どんな構造ですか」

『ハンドルの軸にラック加工しておき、それと噛み合う外歯車を設けておくんだ。ハンドルを回転するとラックが外歯車を回し、それと連結したリンク機構が車輪の方向を変えるようにしている』

「そうとは知りませんでした」

『乗り回すだけではいけないね。構造を勉強しておかないと』

「かさ歯車の話をしてください。これは力の伝達方向を変えるんですね」

『その通りだね。歯はストレートのすぐ歯とまがり歯があって、後者は歯当たりが確実で騒音も小さくなるんだ』

「しかし、もちろん専用の歯切機械があるんですね」

『そうだね。かさ歯車は互いの軸が普通、直角に交叉している構造だ。ただし、軸の食い違いはない』

「食い違いがないとはどんなことですか」

『互いの軸の先端、すなわちかさ歯車の勾配面を延長すれば1点で合うようになっている。だから食い違いはない』

「食い違うかさ歯車もありますか」

『それはハイポイドギアだね。互いの軸は交叉しているが食い違っているんだ』

「どうしてそんな形にするんですか」

『1方の軸の位置をずらしたいためさ。たとえばトラックの後ろから見えるけど、エンジンミッションから伝達したドライブシャフトはかさ歯車と交叉して直角に力を伝達する構造になっているね。シャフトの位置が高く、低い車軸と交叉しようとするときにこれを使うと、車輪の位置が低くなり低重心が可能になるんだ。トラックだけではないけど』

「そうですか。うまく考えましたね」

『次はねじ歯車があるよ。リードを小さくしたねじ状に歯を創成して噛み合わせて使う。たとえば、自動車のウインドウォッシャーに使用する水ポンプに応用しているよ』

「そんなところにもですか」

『もう1つはウォームギアがあるよ』

「それは知っています。水門の扉を上下する装置に使っていました」

『かなり荷重が大きい装置に向いているんだ。ウインチにも使っているよ。さらに速度比（1：40）が大きく取れるんだ』

「あれはギアからでも駆動できますか」

『いい質問だね。それはウォームのリードの大きさ（進み角）によって変わるんだ。リードが大きいときはギアからは回せないよ。だから安全装置に使うことがある。回転防止だね。これを自己セルフと言っているよ』

歯車は
理解できたかね
速度の変化
だけでなく
方向の変化も
行うんですね

第31話 歯車の回転は滑らかだよ

——歯車の品質

『歯車がトルクを伝達して滑らかに回転するためには精度が基礎になるんだね』
「歯車は特に精密なんですね」
『精度は歯車を収める歯車箱も同じく必要だけれど、ここでは歯車だけに限って説明しよう。歯の精度だ。項目ごとに解説しよう。最初は歯形の精度だね』
「歯形精度は歯の形ですからインボリュート曲線ですか」
『歯車検査の専用機械があり、歯車は歯形方向にその曲線を測定して記録に残せるよ。正しいインボリュート曲線から凹凸にはみ出した値が誤差になる』
「それが大きくなればどうなりますか」
『歯車が滑らかにならず、ミクロ的にはガタガタに噛み合うんだね』
「重要ですね。でも歯切りでは正しい歯形になっているはずでしょう」
『歯切りしたままではホブの精度が歯形に転写されるし、ホブの取り付け、歯切機械のガタ、被削材の品質などたくさんの誤差要因があるから、限界があるんだね。多くはJGMA（日本歯車工業会規格）で3級程度かな』
「1級にするためにどんな対策が必要ですか」
『歯切りしたあとに歯車を研削することができる。高精度の歯車研削盤を使用して砥石で歯を研磨すると精度が向上するんだね。これは歯研と言っている』
「この工程が必要だと、製造原価がかさみますが……」
『しかし、精度を確保するためには必要だね。一般の歯車は歯研していないが、遊星歯車装置に使用する歯車など高精度が必要なときは実施しているよ。歯研したらJGMA1〜2級、DINだと2〜3級、入念な歯研を行えばJGMA 0級が確保できるよ』
「用途により歯車精度を選択するんですね」
『高精度の歯研盤はドイツとスイスが本場だよ。日本は立ち後れているね』
「内歯車も歯研ができますか」

歯の精度要件

歯形精度	インボリュート歯形の出入り精度
ピッチ精度	歯と歯の間隔の誤差、単一、隣接など
歯すじ精度	歯幅方向の倒れ誤差
歯溝の振れ	ピッチ円上の歯みぞの出入り誤差

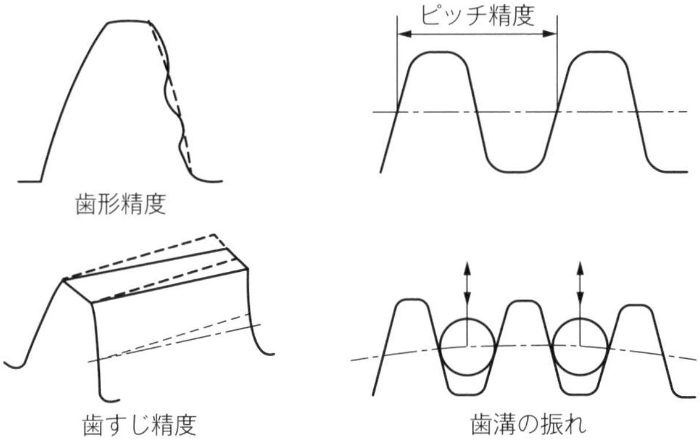

『基本的には無理だね。わずかに特殊品を行っているようだが』

「そうすると内歯車の精度の等級は下回りますね」

『やむを得ないよ。だから設計者はその点を理解しておかなければならないね。さあ、次はピッチ精度だ。ピッチとは歯と歯との間隔だね。あるいは溝と溝でも同じだが、これが狂うとギッコンバッタンと回転することになるよ』

「噛み合いしないで回転したり、ガクンと噛み合ったり、そういう感じですか」

『ピッチは単一な精度以外にほかの項目もあるから調べてみたまえ。隣接、累積などだね』

「ピッチを測る機械もありますか」

『それは歯形を測る歯車検査機で測れるよ。これもドイツ製が優秀だね』

「高精度な工作機械はドイツ製が１歩リードしていますね」

『次は歯すじの精度だね。ピッチライン上の点を歯幅方向に計測するんだ。これで歯の倒れがわかるよ』

「倒れていたら歯同士がうまく当たりませんね」

『歯面の片当たりや、凹凸の当たりになるから歯が傷みやすく、耐強度が低くなるね』
「はすば歯車は計測できないでしょう」
『はすば歯車のねじれ角度に沿って計測できるよ』
「大型の歯車は無理ですね」
『もちろん歯車検査機に載せられる能力までは計測できる。ピッチ精度は手持ちで計測できる検査機器もあるけど、多くは推定するほかないね。次は歯溝の振れだ。歯溝は歯の出入りの誤差になり、これが狂うと滑らかに回転しない。歯溝にピンを入れて円周のピンの出入りをダイヤルゲージで測定するんだね』
「歯車の精度はいろいろあるんですね」
『これらの精度がすべて確保されて初めて歯車の機能が果たされるんだね』
「そうすると歯車を造るためには高精度の機械類、技量が必要になります」
『検査機器も必要だけど、品質が良い歯車かどうかは経験で大方わかるよ』
「経験でわかりますか。凄いですね」
『それは歯車同士を噛み合わせて手で回転させるとわかるんだ。良い歯車は手で回したとき、引っ掛かりやゴツゴツした感じがなくて滑らかに回るんだね。それは精度が良い証拠だよ』
「ヘェーツ。さすが熟練の技ですね」
『その歯車を検査すると多くは高精度だ』
「体験の積み重ねですね」
『歯車の品質を向上させるためには、製造技術や機械類を揃えなければならないから大変だし、製造原価が高くなりがちだ。だから設計は必要な精度等級をよく勘案しなければならない』
「何でも等級を上げるだけではいけないわけですね」
『上手な設計者は精度を上げずに、ほかの対策を立てることができる人だね。あるとき、設計者がどうしても歯研じゃないと壊れると言い張るから、黙って歯研無しの歯車を組み込んだんだ。その結果、まったく異常なく長寿命だったよ』
「そうなると設計者の面目はないですね」
『場合によるけど設計では必要性を充分に検討しなければならないね』

第32話 性能は回転だけではないよ

——歯車の騒音、振動の発生

『歯車は回転を滑らかに伝えるだけでは充分な機能を発揮しているとは言えないね』
「もっと必要な役割があるんですか」
『それはトルクの伝達だよ。トルクが小さくても回転が第一義と言う装置もあるけど、多くはトルクを伝えること。そのために歯の強さや面圧が大事なんだ』
「歯の強さと面圧とは」
『設計製図で勉強したのではなかったのかな。トルクを伝えるときに歯が折れてしまったら重大な事故に繋がるよ。だから歯は強さを確保しなければならない』
「強い材料を使うことですね」
『もちろんそれもあるが、歯の大きさ、すなわちMoが強さを左右するね』
「そうするといつも大きいMoを選定すればいいじゃないですか」
『大きいMoにすると必要な歯数との関係で歯車が大きくなるよ』
「そうかぁ。それでは歯を強くするにはどうすればいいのですか」
『歯元の曲げ強さを大きくなるようにするんだ。歯は力を受けたら曲げられて歯元に大きい負荷がかかるからね。そのためには歯元を熱処理することもいいね』
「そうですね。それでは面圧とは何ですか」
『お菓子の最中《もなか》を知っているだろう。外は米粉をパリパリに焼いて硬くし、中の餡《あん》は柔らかい。外面は割合固く作っている。そのようなとき、外面を押し潰そうとしても抵抗があるんだ。最中は潰れないように作っているんだね』
「要するに外部から圧力がかかったときに凹まないようにしているんですね」
『歯車の歯もそんな性質が必要なんだ。歯の表面を硬くしていないと陥没や摩耗するから短寿命になる』

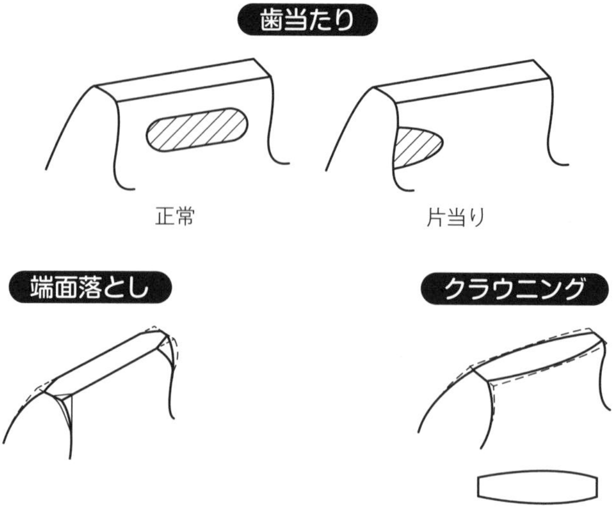

「内部まで硬くした方がいいんじゃないですか」
『そうすると強くなるが、曲げ荷重がかかったときに弾性的に変形しないで、突然バキッと折れてしまうんだね。内部は最中のように軟らかくした方が靱性が出るんだ』
「靱性って、のびのことですね」
『そう。そこで歯車は必要な曲げ強さと面圧を具備しておき、歯同士が噛み合ってトルクを伝達する際に、歯面が全部当たるようにしておかなければならないね。設計はそれを条件として計算しているから、歯に半分しか当たらないときや、歯すじ方向に片側だけ強く当たる片当たりがあれば折れてしまう』
「歯車を高精度に加工するだけでも難しいのに、組み立てたあとに歯同士が全面に当たるようにすることはかなり困難ではないですか」
『そうだね。高度な技術が必要になるよ。それを成し遂げる技術者は腕がいいというわけだ』
「ということは、歯車箱の精度も重要になりますね。しかし、もっと簡単に歯が中央に当たるようにはできませんか」
『端面落としと言って、歯すじ方向の両端部の歯面をカットすればいいよ。そうすれば片当たりしなくなる』

「そうすれば歯当たりの範囲が少なくなりますね」
『もっと良い方法はクラウニングだ。歯切機械のスペックによるけど、これは円弧だから負荷がかかるに連れて歯当たりが良くなる』
「クラウニングの量はどれくらいですか」
『100分1台だね。設計は現場と連携して把握しておかなければならないよ。そこでうまく歯が全面に当たったとしよう。そのあとに必要なことは何だろう』
「音ですか」
『その通り。運転中に発生する騒音だ。これは無負荷時と負荷時は変化するから始末に悪い。工場で試運転するときは無負荷でやることが多いし、そのときには騒音がない場合でも、負荷がかかると大きい騒音が発生することがあるからね』
「騒音にもいろいろな種類があるでしょう」
『そう。まず異音を探すことだね。回転に関係した騒音発生があれば歯の噛み合いか、あるいは軸受からの発生とわかるから、周波数分析してどの箇所が原因かを推察することができるよ』
「医者が使う聴診器はどうですか」
『同じ原理の聴音器があって、熟練すればかなり推察することができるよ』
「それは使えそうですね」
『無負荷でもときどき異音が出るときがあるよ。それは歯が噛み合うときに歯車の遅速が出るから、正規の歯面同士ではなくて裏側の歯を叩くことがあるんだね。裏歯の異音だ』
「先生は地獄耳だからわかるのでしょう。しかし、それも経験が必要ですね。設計的には騒音は問題ないですか」
『歯の精度不良であれば寿命に影響するから大問題だね』
「合格基準がありますか」
『メーカーの基準によるよ。もちろん客先とも打ち合わせして品質基準を決めておかなければならないね』

第33話 歯車はどんな形がよい
――歯車の形状

『歯車は形状によっても品質を左右するんだ』
「歯の精度は変わらないでしょう」
『歯車のブランクが歯の精度に影響するんだ』
「ブランクとは歯車の形ですか」
『そうだね。歯切りをする前の形で、歯車の体と言ってもいいかも知れない。歯車は種々の形状に製造するから、機素の一環として設計上もブランクが及ぼす影響を知っていた方がいいと思うよ』
「でも平歯車などは変えようがないでしょう」
『たとえばブランクの側面のヌスミの有無でも影響が生じる。設計では歯車を軽くするために機械加工してヌスミをつけている』
「鋳造した歯車もヌスミがあります。その場合は機械加工しなくてもいいです」
『鋳造品は機械加工しなくてもいいけど、鍛造品や丸鋼から削り出すときは側面の加工に時間がかかるんだね。設計者は知らないが、現場ではやりたくない作業だよ』
「切込み作業が続くからですね」
『そうしてヌスミをつけた歯車は噛み合い音を拡声器のように拡大するんだ』
「ヌスミ部がラッパのようになるんですか」
『比較した実験ではヌスミがない歯車は音が拡大せず、静かだったね』
「そんなに違いがありますか。そうするとわざわざヌスミを加工する意味がなくなりますね。設計者は知っておくべきです」
『ただし、歯車を軽量化する必要があるときはやむを得ないけどね』
「音だけが問題ですか」
『歯切りしたあとに焼入れするとヌスミがある歯車は変形が大きく発生するから、これも欠点になるよ』

歯車にヌスミをつける

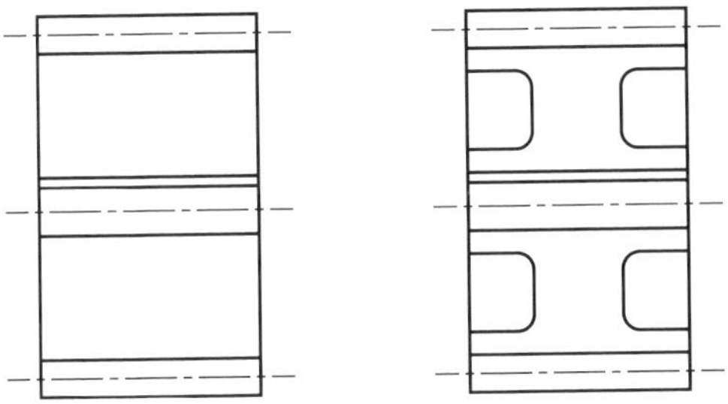

「そうなると歯の精度が悪くなりますね。しかし、鋳造する歯車は最初からヌスミを付けていますから、騒音については対策が必要ですね」

『歯の曲げ強さが小さいときは、歯車に使う材質を鋳鉄を使うことができるよ』

「鋳鉄は音が小さくなりますか」

『鋼と鋳鉄を比較するために、それぞれをハンマーで叩いてみればすぐわかるけど、鋳鉄は音を吸収して小さくする性質があるんだ』

「鋳鉄は吸音とか防振する性質があると聞いていましたがそういう意味ですか。でも鋳鉄は弱いですから使えないですよ」

『球状黒鉛鋳鉄があって、鋳鉄の性質を持つ高強度部材として最近は歯車にも使用が増大しているよ』

「音も少なくなるならいいですね」

『鋳造歯車で困ることは変形だね』

「鋳造歯車は軽量にするためにリブ構造で外周の歯車部分を薄い肉厚のリムで鋳造していますね」

『多くは鋳鉄も鋳鋼もそのような形状で造るよ。この歯車は歯切りしたままで使用するなら問題はないけど、歯を焼入れする機会があるんだ』

「歯を１枚ごとに焼入れするんですか」

『高周波焼入れでは部分焼入れができるから、歯だけを行っているよ』

「そのときに問題が出ますか」

『歯だけを焼入れするにしても、焼入れ時の応力の発生が原因で歯車のブランクが変形するんだ』

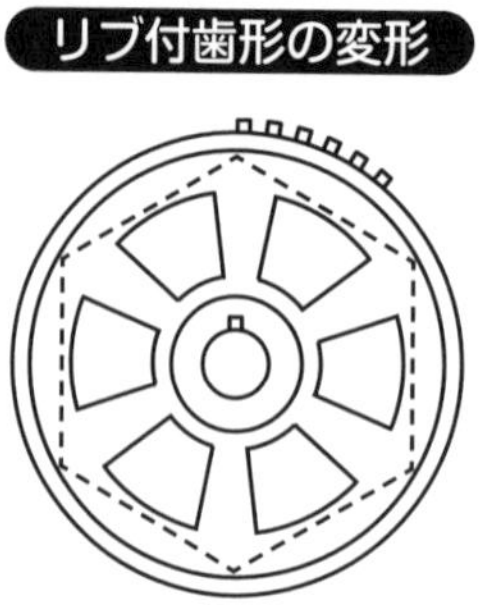
破線のように歪によって
六角形になる

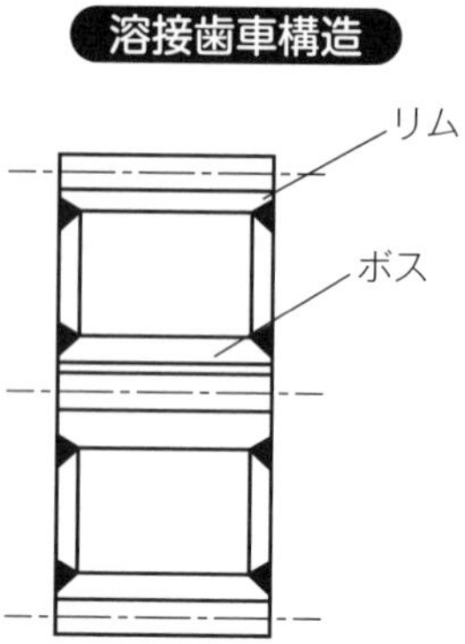

「大きい形状でもブランクが変形するんですか」
『リブが強さを支えているが、薄いリム部は互いに引っ張り合って全体の形状がリブ数に応じた角形に変形したことがあるよ』
「そうすると回転するたびに噛み合いがガクンガクンとなりますね」
『設計は実態を把握してリブとリム部の変更や、ブランク構造を改善する必要があるということだ』
「でも経験しなければわかりませんね」
『それがノウハウとなって技術の蓄積ができるんだ』
「蓄積するためには記録を残して、後継者に伝える仕組みが必要ですね」
『最初に現場の経験を活かして技術力を高めること、そのあとに技術の温存だ』
「鉄板構造の歯車はどうですか」
『大型歯車は鋳造しないときは、鉄板構造で製造することはあるよ』
「製造費用の面と品質はどうですか」
『歯を切るリム部は鍛造してリング状に、中心のボス部は丸鋼から削り出しておき、組み立て時は側面に鉄板を当てて溶接する構造が一般的だね』
「軽量化と、ヌスミ加工がないので安価に製造できませんか」
『この鉄板構造の歯車は噛み合い時に太鼓が響くような音がしてしまったよ』
「側面の鉄板が振動するんですね」
『高速回転には向かないよ。設計者は機素に付随した事象として捉えて欲しいね』

第6章

ばね

第34話　暮らしとばね
——ばねの用途

先生『今日は私たちの暮らしの中で使われているばねの数々を調べようか。どれくらいばねの恩恵を受けているか、君たちは知っているかね。また、これからの創造的な設計の役にも立つだろう』
学生「いっぱいあるでしょう。電気製品ではどうですか。電気製品のコードの付け根にばねがついています。折れないようにしているんです」
『トースターはどうだね。ばねがあるから、パンを押しこむときも圧力を感じるし、焼け終わったら飛び出すよ』
「なぜ飛び出すのですか」
『温度を感知して伸び縮みできるバイメタルとコラボしているんだ』
「コラボですか。よく考えましたね。掃除機のコード巻き込みの力もばねの利用です」
『事務用品ではどうかな。紙をはさんでまとめるクリップもそうだよ』
「はさむ力加減を制御しているんですね。ボールペンを胸ポケットに挟む部分も一種のばねです。芯の出し入れもばねを使っています」
『今は使う頻度が少ないけど、万年筆のペン先はばねの力を相当考えているんだよ』
「ペーパーホルダーにも利用しているものもありますね。ペーパーカッターのレバーにも使っています。カバンの留め部もばねです」
『眼鏡のフレームも一種のばねの力で額を挟んでいるんではないかな』
「先生、私の携帯はボタンを押すと開く構造です。これもばねですね。落とさないようにスプリングでベルトにつないでいます」
『楽器にはたくさん使っているだろう。ギターなどがあるね』
「バイオリン、ウクレレ、三味線、弦付きはすべてそうですね。ほかには……、オルゴールがあります」

暮らしの中で活躍するばね

レコードプレーヤー

トースター

釣り竿

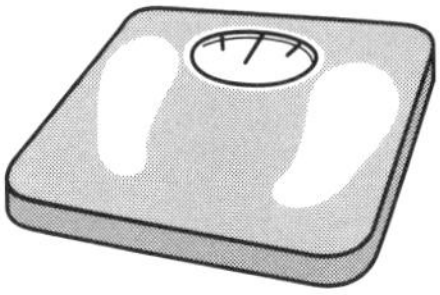

体重計

『確かにばねの作用でメロディが出るんだね。昔、蓄音機があったよ。針でレコード盤上の溝を走りながら奏でるんだね。針はばねの力で荷重を制御しているんだ。リバイバルでレコードプレーヤーが売れていて、自然な音質が好まれてきているというんだ』

「そうだ、このCDの出し入れもばねです」

『電気製品やパソコン、楽器などすべての機器のボタンはばねを使っているんだね。その接点もまた重要で金メッキやモリブデンの焼結品を組み込んでいるよ』

「スポーツ関係や器具にもばねが多いと思います。バットも一種のばねです。そう思いませんか」

『バットは一流選手は特に吟味しているそうだね。イチローは青タモの木を使ったバットを使っているそうだ。決まった職人に依頼し、保管時も乾燥に注意を払っていると聞いているよ』
「高校生は金属バットを使います。これは強さと軽さだけでなくて、ばね力を付加するためですね」
『そうだね。テニスはどうだろう。ラケットのガットは金属材料ではないけど、反発力はガットのばねで決まるようだ。バドミントンも同じだね』
「棒高跳びがありました。ポールは軽いグラスファイバー製で、体を持ち上げる際に弓なりに曲がりますね。これはかなり強いです」
『ほかにもたくさんあるよ。水泳の高飛び込みの板もばねを利用しているよ。スキーの板、ストックもそうだね』
「スキーを上手に滑るには、経験が必要ですね」
『さあ、次は釣具だ。釣竿はグラスファイバー製が多くなって魚が大変だろう』
「先生のゴルフの腕はいかがですか。ゴルフセットのシャフトはばねを利用しますね。グラスファイバーもあるようです」
『女性ゴルファーで300ヤードも飛ばす人がいるよ。私は無理だから、寄せだね。1オン1パットが目標だ』
「僕もゴルフは体育で習っていますが、行ったり来たりです。先生はアーチェリーも練習したそうですね」
『そう。弓のばねの力で矢の飛距離が決まる。素人は30m離れたら的に当たらないね。経験して初めて難しさがわかるもんだ』
「簡単そうに見えますが、違うんですね。子供の頃、ホッピングで遊んだことがあります。これはばねですね」
『トランポリンもそうだね。柔道で筋肉を鍛えるときにエキスパンダーを使ったよ。握力増強のばね器具もあるね。名前は失念したけど』
「体力を計測する器具にもありますよ。握力計、背筋力計がそうです」
『体重計は毎日お世話になっているだろう。これこそばねだ』
「竹はばねになりますね。猿が木を登る玩具があります」
『竹は木に比較してしなやかさが大きいだろう。材料は強いだけでは駄目なんだ。ハードボイルド作家のレイモンド・チャンドラが言ったろう。男は強いだけではいけない、女にやさしくなければね、と』

第35話 のびて縮む

——ばねの原理とコイルばね

『ばねと聞くと何を思い出すかな』
「スポーツ選手です」
『ばねとどんな関連があるのだろう』
「ばねのように柔軟で、弾力性があり、強靭《きょうじん》だからです」
『そうか。それでは機素の観点からばねを見るとどうだろう』
「のびて縮む動きをする機素です」
『それでは、どうしてそうなるのかな』
「柔軟な材料を使うからでしょう」
『柔軟という現象を数値で表すことができないかな』
「難しいです。どうしてかな」
『君たちは材料学でフックの法則を習っただろう』
「それは知っています」
『それではフックの法則を説明して欲しいが』
「思い出せないです。確か、材料ののびが何かと比例するというような……」
『何かな』
「力です。力」
『そう、のびは荷重と比例するんだが、その場合は材料の弾性限界内で確立するんだね。フックの法則を弾性の法則とも言うんだ』
「そうでした。応力と歪みの関係を示したものでした」
『それを知っていたら質問するが、その線図を書けるか』
「エーと、難しいです」
『図を見てご覧。この線図の中で、ばねはA点に至る範囲の中で、A点以下が弾性変形を示し、A点を超えたら塑性変形するようになり、元の長さに戻らないんだ』

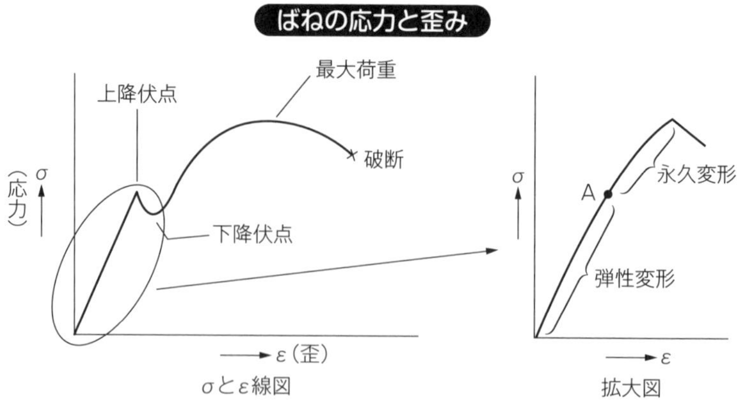

「そうでした。A点から先が塑性変形をして降伏するんです」

『ばねを表す法則を式で書けばどうなるんだ』

「わかりました。$F=kx$ です。F はばねの反力、x はばねののびです」

『k は何だ』

「係数です」

『それはわかるが、正式な名称は何だ』

「忘れました」

『ばね定数だろう』

「k ばねの特性を表すんですね」

『k はばねが持っている固有の値だ』

「具体的に、k はどんなことがありますか」

『参考にコイルに巻いてあるばねを例にして述べると、巻数が多いとき、ばねの線径が大きいとき、コイル径が小さいときはばね定数が大きくなるんだ』

「材料の種類や、熱処理によっても変わるでしょう」

『そうだね。そこでばねの種類を挙げて見たまえ』

「コイルばね、うず巻ばねは知っています」

『板ばねがあるよ。大型のトラックや電車の車輪の周りに板を重ねた形状があるよ』

「そうするとばね定数が大きいわけですね」

圧縮コイルばねの端部

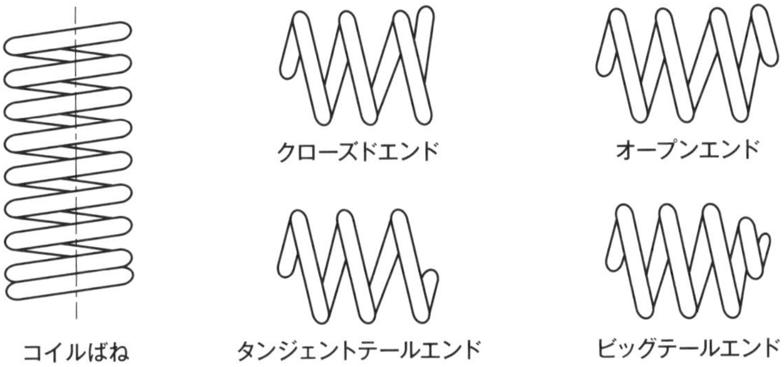

引張コイルばねのフック

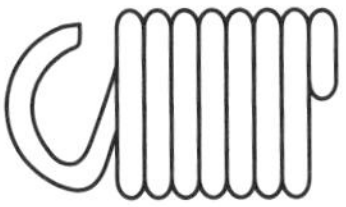

『もちろんコイルばねも、大きいばね定数を示す形があるよ。たとえば最近の普通自動車は多くがコイルばねを使っているんだ。今君たちが使っているボールペンの中にもばねが入っているよ』

「確かにそうです。これはコイル状に巻いてあるからコイルばねです。しかしよくこんな小さい径で造れますね」

『同じようなばねが身近にないかね』

「自転車のスタンドに付いています」

『空気入れにもあるね。コイル状のばねは円筒形以外に、円錐形、たいこ形、逆の形のつづみ形などがあり、使い分けているんだ』

「ばねの端部の形もいろいろありますよ」

『コイルは圧縮用に端面の巻き付けが終わって閉じたクローズドエンド、巻いたままの形がそのまま残るオープンエンド、中途に閉じた形のタンジェントテールエンド、さらに巻き付けの径を次第に小さくして終わったピッグテールエンドがあるんだ。これらは安定した位置決めや、接触する相手との組み合わせで選べるようにしているよ』
「ピッグテールとは豚の鼻ですか」
『形が似ているからそんな意味だろうね。端面にフックが付いているコイルもあるよ』
「引張りコイルばねですね。このコイルばねは引張り専用ですね」
『それに巻く方向が左や右のばねがある』
「コイルばねにも用途によって形がいろいろあるんですね」
『強力なコイルばねを空気銃に使っているよ。これはばねの力でシリンダー内のピストンをばねで押し付けて弾を打ち出すんだが、かなり力が大きい』
「今はあまり見かけませんね」
『昔は規制がなかったから、雀やヒヨドリを打っていたけど、カラスは当たっても落ちなかったねぇ。猫は当たると大きくジャンプして逃げていくんだ』
「悪ですね」

第36話 ばね造りは難しい

——ばねの製造法

「ばねにはどんな材料を使いますか」

『材質はばね鋼と言って、JIS に炭素ばね鋼を規定しているよ。焼入性を大きくするためにさらに合金を添加した合金ばね鋼もあるよ』

「どのような方法で巻きますか」

『分類すると熱間加工と冷間加工があり、前者は大型ばね、後者は耐強度が小さく精密小型ばねの製造に使い分けているよ』

「ボールペンのコイルばねは冷間加工品ですね」

『だから外観が綺麗で、ペンを押し出す程度の力に耐えられればいいのだ』

「曲げたあとに弾性力を与える方法はどうしますか」

『熱間加工したばねは焼入れ焼戻している。焼戻しの温度が微妙でばね戻しというんだ。低すぎたときは伸びが悪く破断してしまうし、高すぎたら君たちのようにのびたままだね」

「冷間加工したばねはどうなりますか」

『冷間加工したときに加工硬化を生じて硬くなっているから、焼戻しだけの施工でいいよ』

「焼戻温度の選定と実際の熱処理が難しいようですね」

『ばねは強度と寿命が必要だから、焼きが入りやすい鋼で高い炭素量が多い材質を選んでいる。そのばねを焼入れするときは、高温で酸化してばねの表面から炭素が逃げないようにした方法を採用するんだね』

「熱処理の中でも難しい例ですね。ばねの基本的な熱処理は全部同じですか」

『ばねはすべて同じ要領で熱処理するんだ。ばねは表面に最も強い荷重がかかるから、表面に欠陥がないようにしなければならない。キズがあったらダメだね。また表面の面粗度を小さくして疲労限を高めるんだ』

「疲労限を増すためには圧縮応力が残ることが良いと聞いています」

ばねの種類

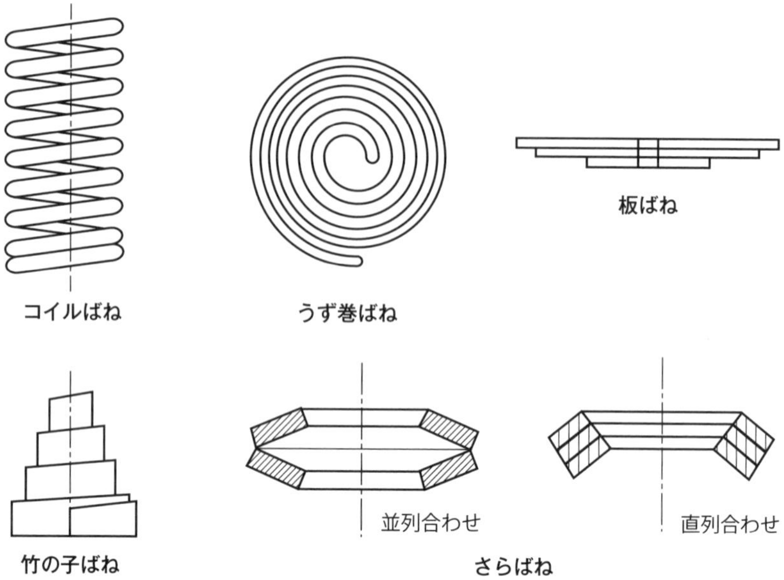

『そうだね。そのためにばねにショットピーニングすることもあるよ』

「小さいうず巻きばねは製造が難しいでしょう」

『蚊取り線香の形だね。別の名前はぜんまいだ』

「機械式の時計はこのうず巻きばねを多く使っています」

『そう。ひげぜんまいと言っている。うず巻きばねの作用は線の接線方向に対する弾性の蓄積と解放をするんだね』

「うず巻ばねの中には板を使う例もありますよ」

『そうだね。子供の頃の玩具はこのうず巻ばねを使う動力が多かったね。ねじ式と言っていたよ』

「その後に使った玩具はチョロＱでした。それを巻くばねがこの帯または板のばねでした」

『玩具には今でもたくさん使っているね。計器類の針にも使っているね』

「どちらかと言えば耐強度は小さいようですね」

『そうだね。大きい力を受けるばねは板ばねだよ』
「板ばねは何枚も重ねて耐強度を増しているんですね」
『耐荷重に応じて重ねた最も強力な重ね板ばねだよ』
「でも強いだけでクッションが悪いでしょう」
『昔の自動車は板ばねを使った時期もあって座り心地が硬かったね。ところが40年も前にパリで乗ったシトロエンはシートにお尻がめり込んでベッドみたいだった。フランス人らしいと思ったね』
「今の国産の小型自動車でもコイルばねが多いです。フランス製の車は特に弾性が大きく軟らかいですよ」
『ばね鋼を使わないでばね効果を生む方法が材料にあるんだ』
「それは知りません。特殊な材料ですね」
『形状記憶合金を使うんだ。金属はニッケルとチタンの合金が多く使われているよ』
「原理はどうなるんですか」
『形状を記憶するような熱処理を施工すると、そのあと加工や塑性変形したあとに、ある決まった温度に加熱すると最初に記憶した形状に回復するんだ。これは熱処理の手法だから、その原理は宿題にしようか』
「困ったなあ。しかし、形状記憶合金を使ったばねの用途は何がありますか」
『くの字に曲げた形を記憶させたあと、もっと強く曲げて折り畳んだとしよう。それを岩のすきまに挿入したあと加熱すると元のくの字に伸びようとする。それで岩が割れるんだ。ほかにはワイシャツの布に形状記憶合金の繊維を折り込み洗濯しても体温でもとの形に戻るようにしたり、歯の矯正にも利用しているよ』
「いろいろ使えそうですね」
『コイルばねの形を記憶させる。それを伸ばした後に加熱すると元に戻ろうとして縮む。この作用を応用して冷却と加熱を繰り返して往復運動する機器ができるんだ』
「なるほど。そんなばねもあるんですか」

第37話　受け止める力

――衝撃の拡散

『ばねの種類に竹の子ばねがある。円筒の径を替えて中に重ねて入れ、弾性を受ける構造だ。小さい荷重用だけれどね』
「ばねも種類が多いですね」
『ほかにはブルドーザの前面のバーの全面に岩がガツンと当たるときに受けるさらばね（皿ばね）があるよ』
「さらのばねですか」
『円錐型に中を空洞にして衝撃荷重を受けるんだ。直列と並列に置いて、さらは重ねて使うと強力になるんだ。これでブルが土砂や岩石を押したときに本体にかかる衝撃を小さくする役目があるんだよ』
「そうするとばねは一種のクッションとして有効になりますね」
『機械類には衝撃で壊れないようにばねで対応しているんだね』
「自転車にも各所にばねをつけています。ハンドルにつけたブレーキ用の引き手や、サドルの下にはコイルばねがついています。高級車はハンドルを支えるスポークにクッションをつけています」
『それはばねではなく、シリンダーだね』
「そうです。シリンダー構造のばねです」
『マウンテンバイクの車輪を支えるスポークをシリンダー構造にして内部に窒素ガスを封入しているんだ。あれも衝撃を受けることができる』
「衝撃を受けるだけのクッションですね」
『クッションにはゴムや風船も使えるし、自動車が衝突したときダッシュボードから突然、風船が膨らんで人体への衝撃を小さくするエアバッグもそうだね』
「慣性を止めるわけですね」
『慣性力による衝撃を緩和するんだ』
「それもばねの機能ですね」

免震構造を持つ建物

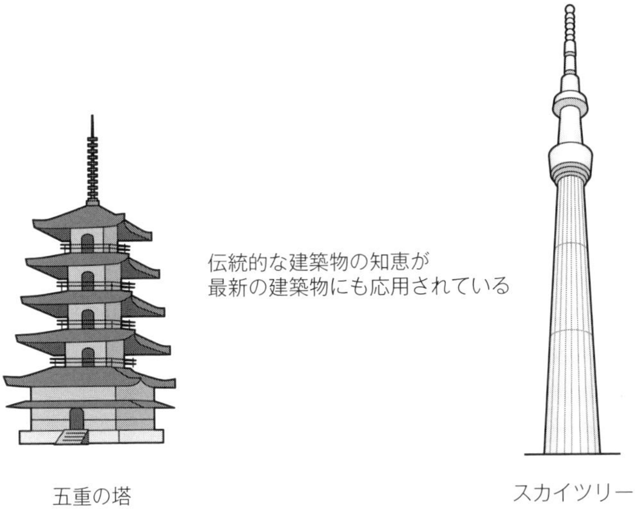
伝統的な建築物の知恵が
最新の建築物にも応用されている
五重の塔
スカイツリー

『日本は地震国だから、ばねを使って建築物の倒壊を防止する技術が進んでいるんだ』
「でも昔の建築物はなかなか倒れませんね。法隆寺の五重の塔がそうです」
『現在の住宅は戦後の荒廃から早く造る目的が優先してバラック的な構造が先に進み、金物材を多量に消費するなど家が短期消費財の位置に成り下がったね。だから地震や大風ですぐ倒れるんだ』
「どうして何千年かの匠の技を捨てたんでしょうか」
『腕が良い大工さんが生きられない時代になったんだね。ドイツは技を持つ職人をマイスターとして重要視しているんだが』
「倒れるのはどうしてですか」
『木の特性を活かしてなく、金具で止める方法を優先するから倒れるんだね』
「五重の塔は金具を使ってないですね。中心にある心柱がばね構造の役目をしていると聞いたことがあります」
『その通りだね。木はばねに似て弾性力が大きいんだ。それを家造りにうまく利用してきたんだが……』

「地震や大風に対して抵抗する近代的な技法があるんですか」
『免震構造といって建築物の底面、土台に大型のコイルばねを置くんだ。建築物はばねの上に乗っている形になるんだね。たとえば太宰府にある国立博物館の大型コイルばね構造の免震構造は素晴らしい方法だね。一見の価値があるよ』
「どのような働きをしますか」
『たとえば地震が起きたとき、地面が揺れてもばねがその動きを吸収して上部の建築物に伝わらないようにできるんだ』
「下だけ揺れても上は揺れないんですか」
『地面と建築物が直接、繋がっていないからね。だから下は下だけ揺れ、上は大きく揺れない』
「昔の家屋は全部の柱が地面と分離して、玉石の上に載っていただけでしたよ」
『だから地震が来ても倒れなかったんだ。今わかったかな』
「どうして今そのようにしないのですか」
『だから言ったろう。その構造は法律で規制しているし、大工さんが造れないんだ』
「残念です。自由であればいいのに。しかも千年の技を捨てているなんて」
『さあ、ついでにスカイツリーはどうだね』
「3.11 の東日本大震災でも大丈夫でした。どんな構造でしょうか」
『基本は五重の塔と同じだよ。揺れても増幅しないで収まるんだ』
「剛性がないように感じますが」
『剛性が大きいと揺れに対して大きく抵抗するから、揺れてしまう。柳に風という言葉を知っているかな』
「知りません。関係がありますか」
『風に対して強く抵抗せず、しなやかに揺れるようすれば、大木でも倒れないんだ。五重の塔やスカイツリーは同じように揺れるけど倒れない』
「そういえば細い柔らかい木は大風でも倒れませんね」
『ばねも同じだが、材料は荷重に対して強いだけでは効果的ではないんだ。むしろしなやかさが必要で、だから強靭さが求められるんだね』
「何だか示唆に富んでますね」

第7章

その他の機械要素

第38話　止まれ！

——制動の原理

先生『止まれ！の話だ。ブレーキあるいは制動という』
学生「機械の運動を停止する役目ですね」
『一般に使う簡単なブレーキは摩擦で止める方法だ。ただ、運動を止めることは摩擦熱の発生になるから、その放散を考えなければならないが、一面ではエネルギーの変換になるね』
「そうするとブレーキが正常に作動するためには耐摩耗を考えて、発生する熱が蓄積しないようにしなければなりませんね」
『摩擦で止める方法はブロックブレーキが代表だ。車輪をブレーキ輪として使うんだね』
「西部劇で馬車を操作する御者が車輪にブレーキをかけていますね。あれでしょう」
『回転するブレーキ輪に摩擦する物体を押し付けて制動する方法だ。当初、材料は木材を使っていた。押し付けると車輪の軸に曲げ荷重がかかることや、摩擦する物体が摩耗することが欠点だね』
「電車の車輪から火花が出ているのも同じ方法ですか」
『同じだね。鉄輪は鉄の摩擦板で押さえるから火花が発生するんだ』
「押さえるには大きい力がいります」
『馬車程度なら手動で押さえられるが、電車は押さえる力を空圧や油圧の動力で行っているから大丈夫だ。ブレーキ輪の周囲に１個でなく２個設けた複式型もあるよ』
「圧力を使うとなれば電磁弁操作するんですね」
『産業機械類ではそうして自動化しているよ。たとえば自動車はリーディング方式と言って、車輪のドラムの内側からブレーキシューを直径方向に張って油圧シリンダーで押し付ける方式を採用している。内拡式のドラムブレーキと言

ブロックブレーキの構造

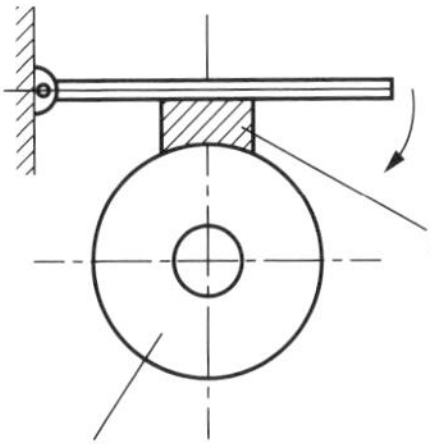

い、原理は同じだね。FF（前輪駆動）車なら小型自動車の後輪に採用しているよ』
「もし、それらの器具が故障したらどうなりますか」
『いいところを考えたね。停電、油圧系や電磁弁の故障などあるから、フェールセーフと言ってそのための対策を立てているんだ』
「失敗しても安全に作動するというわけですね」
『制動の評価はブレーキ輪が止まるまで移動する長さ、すなわち制動がかかったときから止まるまでの滑りの長さ、制動時間などだね』
「そのためにはブロックの摩耗点検、ブレーキ輪間の調整などが必要になりますね」
『次にハンドブレーキがあるよ。これはブレーキ輪の周囲に帯を回して締め付けるんだ。帯は鋼帯、ロープ、布帯を使っている』
「締め付け方はどんな構造ですか」
『ブレーキ輪の回転方向によって締め付け力が異なるので、帯を締め付ける支点を変えて使うんだ』
「帯はすぐ摩耗しませんか」
『だから帯の摩擦部には摩擦係数が大きくて摩耗しにくい材料でライニングしているよ。たとえば布、樹脂、皮などだね』
「もちろん定期的な保守が必要ですね」
『私が乗っている名前がベンツの自動車はブレーキがディスクだ。知っているだろう』

ハンドブレーキの構造

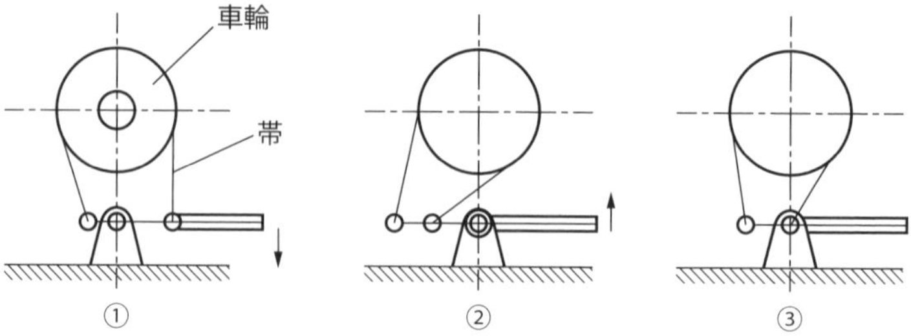

ディスクブレーキの構造

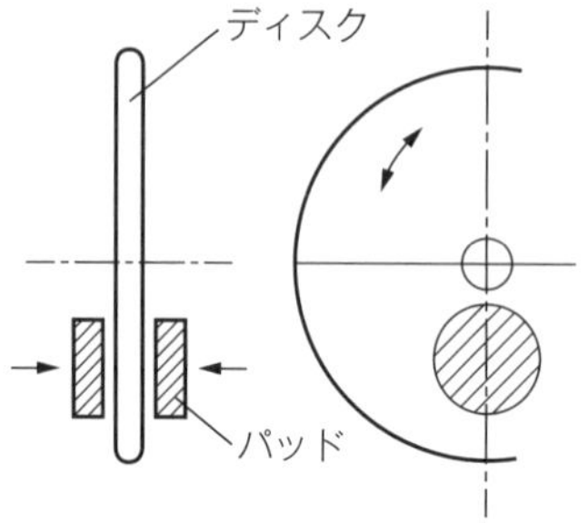

つめ車の構造

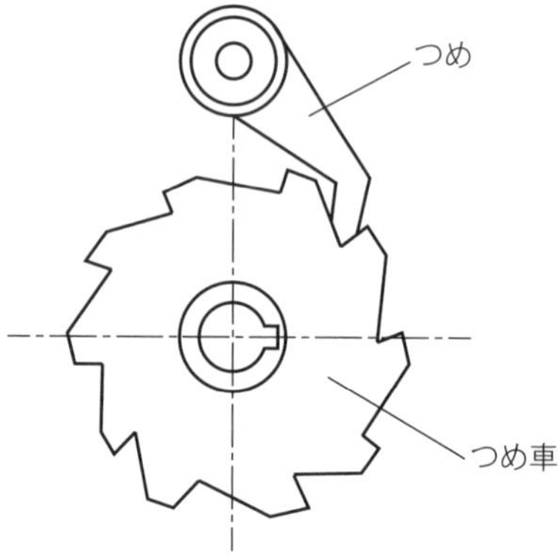

「確か軽ではなかったですか。ディスクは知っています」
『あれはどんなブレーキかな。FF 車では主に前輪に付けているね』
「私のバイクにもディスクブレーキが付いてます」
『だったら構造がわかるね。ディスクをパッドで挟んで摩擦するんだ』
「正確には知りません。ときどきパッドを替えます。摩耗が早いようです」
『急ブレーキを何度もかけるからだろう。パッドは摩擦係数が大きく、摩耗しにくい材料を使うが、銅粉に炭素粉を混合して圧粉したあと焼結しているんだ。新幹線の電流取り入れ用のパンタグラフに使用するシューも同じ材料だよ』

「先生の自動車のブレーキパッドは摩耗しませんか」
『MT 車（マニュアル操作）だからエンジンブレーキを多用するからね。AT 車のブレーキの効きが悪くなるのは、ブレーキパッドの問題よりも、エンジンブレーキの付加が自在にできないからさ。だから、AT 車の方が、ブレーキパッドの減り方が大きいだろうね』
「そうかあ。エンジンブレーキも制動の一種ですね」
『そこで完全に、確実に止めるブレーキ輪を紹介しよう。まずそんな存在すら知らないだろうから』
「設計者もそうではないですか」
『一般にはつめ車というんだ。構造はブレーキ輪の外周に歯部を設け、つめでこの歯に食い込ませて止めるんだ』
「それは確実です。でも止める方向は１方だけになりますよ」
『そう。この原理を使って坑内で使う逆転防止器を製造した経験があるんだ』
「もし逆転したら人命に影響を及ぼすというわけですか」
『難しかった点はブレーキ輪の歯部を焼入れして硬化することだった。なにしろ直径が２m を超える大型品だったし、失敗したら大損害だからね』
「そんな機械は販売していませんね。自家製作しなければならないから大変でしょう」
『完成したときはホッとしたよ。稼働も順調だったから良かった』

第39話 回転の橋渡し役
——クラッチ

『軸を連結して繋ぐ機能を持つ軸継手があったけど、今度は入り切りできる機素でクラッチを説明しよう』
「クラッチはバイクに付いています」
『そう。バイクはトランスミッションの速度を替えるときにクラッチ操作してエンジンからの回転を切ったあとに、再度連結する機能を持っているんだ。バイクに限らずクラッチはみんなその役目があるよ』
「そうすると自動車にもあるんですか」
『AT 車ばかりだから知らないだろうが、バスやトラックはクラッチで入り切りしているよ。すなわち MT 車だね』
「大型の自動車が多いんですね」
『それは大型車は AT が不経済だからだ。燃費が悪くなり、ブレーキ力も落ちるからね』
「それではどうして AT が多くなったんですか」
『AT は MT より容易に運転できるからね。ところでクラッチは回転を遮断し、連結するが、ドライブ軸（駆動軸）とドリブン軸（従動軸）間に一種の継手を設けるんだ。その継手は固定しないで軸方向に移動（スライド）できるようにしているから、継手が噛み合ったり外れたりできる構造になるんだね。クラッチの構造原理は基本的にそうなっているよ』
「そうすると、軸上をスライドするためには継手部分が滑りキー上で移動できるようにしなければなりませんね」
『それを手動で操作するときは機械的にレバーで行うが、多くは電磁弁を使い空圧や油圧力で入り切りを行うことができるよ。自動車の MT では手動のレバー操作だね』
「そうですか。その継手部分の構造はどうなりますか」

クラッチ

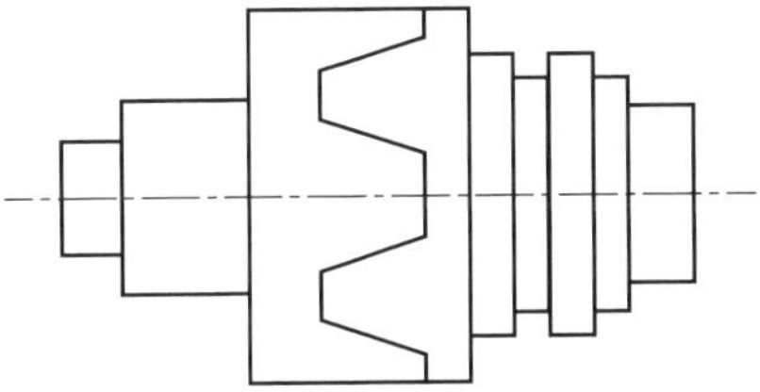

噛み合いクラッチの構造

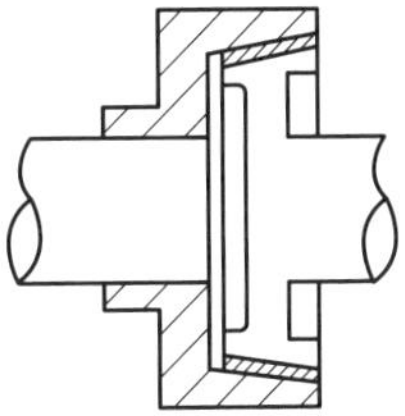

円錐クラッチ

噛み合い部の形状

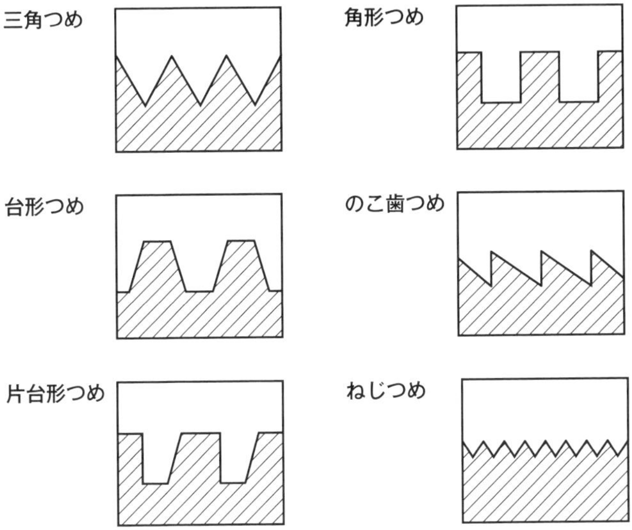

『切るときは継手部分を移動して噛み合い部が離れたらよいが、連結するときは伝達力が確実に伝わる構造にしなければいけない。もちろん切るときは容易に離れることが前提だね』

「そうするとクラッチはいつも入り切りを行えることが前提ですね」

『その噛み合い部分の歯の形状は三角形つめ、角形つめ、台形つめ、のこ歯つめなどがあるよ』

機械式多板クラッチ（単式）

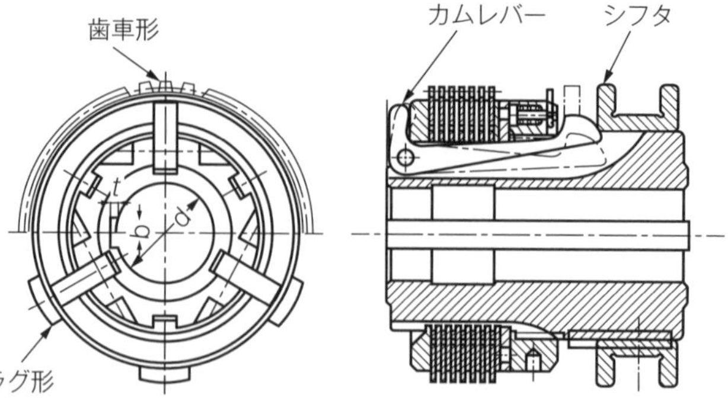

出典：「機械工学便覧改訂5版」日本機械学会、P7-58、1968年

「入り切りするから摩耗しますね」

『そう。それに衝撃荷重にも耐えなければならないね。それでも摩耗が進まないように潤滑油を浸し、自動車の定期点検ではオイルを交換しているだろう』

「バイクも同じですか」

『たとえば、ホンダが50年以上前にスーパーカブを発売したとき、クラッチを入り切りするレバーをつけていなかった。足でペダル操作して速度変換できる構造を発明したから異常な勢いで販売が伸びたんだね。現在までの生産台数は6000万台（2008年）を超えて単独の型式では世界一だ。販売時は単板式のクラッチを採用して構造が簡単だったから、レバーで切る必要がなかった』

「50年前からですか。クラッチをレバーで入り切りする必要がなかったから、片手運転ができて自転車と同じように蕎麦屋さんも運転できたんですね」

『多くの機械装置では単板より多板式のクラッチを多く使うんだがね』

「そうするとクラッチの機能は伝達を遮断、連結できることですね」

『そう。同じく円錐形のクラッチもあるよ。さら型にした凹凸のカップを合わせるんだね』

「連結時には押し付けるんですか」

『稼働中に離れて遮断しないように一定の力で押し付けているんだ。合わせ部分が滑りを生じたら力が伝わらないからね』

「滑りを発生しない工夫が必要ですね」
『だから合わせ部は摩擦係数が大きく、摩耗に抵抗する材質を使うんだね。単板や多板は高炭素鋼を焼入れして硬くしているよ』
「でも AT 車はどのようにして遮断と連結ができるようにしているんですか」
『それは流体継手を使っているからだね』
「どんな継手ですか。見たことがありません」
『原理は簡単だよ。たとえば扇風機を ON して回転させるんだ。そうすると風が吹くね。その扇風機の前にもう 1 台の扇風機を向かい合わせに置いたらどうなるだろうか』
「つられて回るんじゃないですか」
『そう、その原理なんだ。密閉した容器内部に潤滑油を封入したあと、向かい合わせに間隔を置いて羽根を設ける。1 方の羽根がドライブすれば他方の羽根がドリブンするんだ。そうすると連結ができ、止めたら他方も止まるんだよ。AT 車はこの原理を使っているから入り切りする操作がいらないんだ』
「でもそうなると潤滑油の熱が上がりませんか。しかもしっかり連結できますか」
『うまく造っているよ。詳細は調べてみたまえ』
「入り切り時に衝撃がかからないでしょうね」
『面白いクラッチがあるよ。某電機メーカーが発明した粉体クラッチだ。密閉容器内に鉄粉を封入し羽根を向かい合わせする。外部から電磁力をかけると鉄粉が磁化して固化するから連結できる仕組みだ』
「凄い発明ですね」

最近の自動車では
無段変速のCVTも
あるよ
もちろんそれにも
クラッチはついて
るんですね

第40話 管の連結はどうなる

――バルブ

『君たちは毎朝、配管の恩恵を受けているだろう。家庭に引かれている水道管は塩ビ製が多くなっているけど、主管には鋼管や鋳鉄管、ほかには銅管があり目的によって使い分けているよ』
「どんな特徴がありますか」
『塩ビ管は安価で加工しやすく耐久性もあるから使いやすいんだね。鋼管は炭素鋼管として強度があり、薄肉に軽量化して長サイズにしてガス、空気、圧力用には蒸気用として多用している。しかし、鋳鉄管は肉厚で重く、耐食性を優先しているよ。銅管は熱伝導性が良いから、熱交換器が多いね』
「ゴムホースはどうですか」
『それも管の1つだね。多くの種類があって水だけでなく、高圧用として空圧や油圧の配管に非常に多く使っているよ』
「破れたりしませんか」
『規定の圧力に耐えるように製造している』
「布製もありますよ。消防用のホースです」
『使用しないときは巻き取れるようにして、しかも水の高圧にも耐えるようにしている特殊品だね』
「それらの管はどうやって連結しますか」
『簡単には繋ぐ管同士の端面に穴を明けて周囲にボルト穴を加工したフランジを溶接し、2つを合わせてフランジをボルトで止めたらいいよ。ほかには管継手を使えばいいね。非常の多くの種類が揃っているから管を難なく繋ぐことができる。エルボ、ソケット、ニップル、ユニオンなどだね』
「名前を覚えるのに苦労します」
『そのうちに覚えるけど、どのように応用するかが重要だよ』
「繋ぐときの注意点はありますか」

フランジによる管の連結

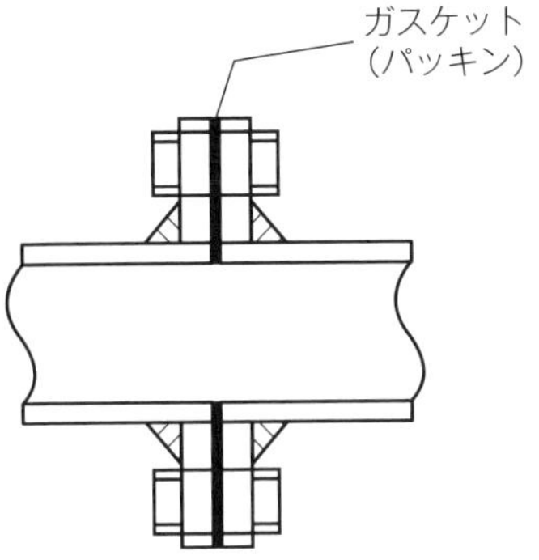

主なねじ込み式鍛鋳鉄製管継手

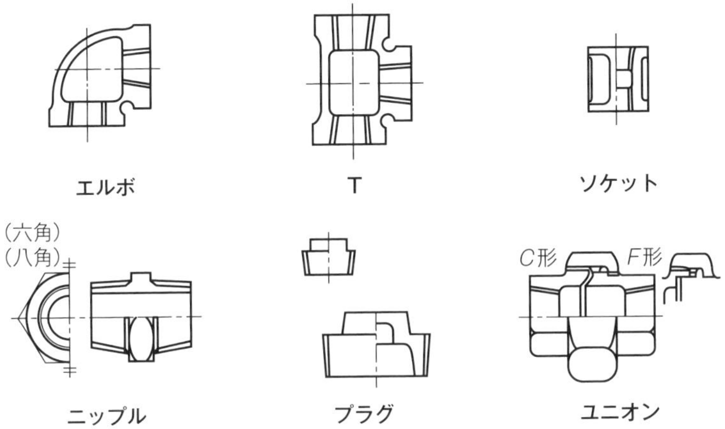

出典:JIS B 2301、日本規格協会より抜粋

『まず外れないように正しくしっかりとねじを締めること。次に繋いだあとの漏れがないようにすることだ』

「どうすれば、それはわかりますか」

『漏れがないかどうかは、たとえば石鹸水を継手の表面に塗布して泡が出ないかとか、内部にアルコールを添加して流し、継手にライターをともして引火の

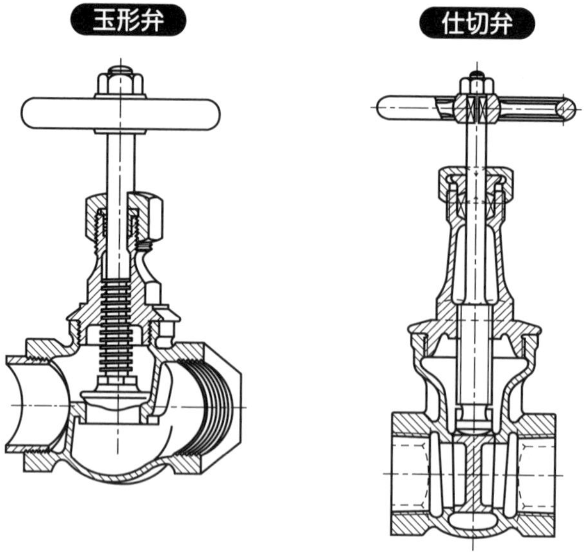

出典：「最新機械製図改訂版」山本外次他、科学書籍出版、p239、平成３年

有無を調べることができるよ』

「漏れを防ぐ方法がありますか」

『ねじ部は多くの場合テーパねじだ。おすのねじ部に専用で市販のシールテープを巻いて締め上げる方法が１番多いね』

「ああ、知っています。白色の薄いテープですね」

『大体それで十分だね。次は配管で使う弁だ。弁はバルブとも言い、水道栓は代表だね』

「ステンレス製ですね」

『以前は真鍮製が多かったけど鋳造技術が向上し、より安価になったから普及してきたんだね。でも大型品ではまだ使っているよ。ほかには青銅、鋳鉄、合金鋼などだ』

「弁は耐食性が必要なんですね。弁にはどんな種類がありますか」

『代表的には、水、蒸気やガスなどの流体を止める役目の玉形弁、流れを止める役目をする仕切弁、流れを１方向にする逆止弁、配管内部の圧力が規定以上になればリリーフ（逃がす）するための安全弁などがあるね』

安全弁

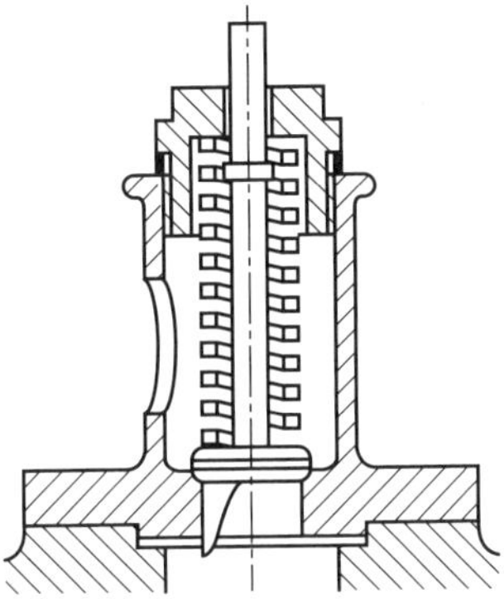

出典：「最新機械製図 改訂版」山本外次他、科学書籍出版、p240、平成３年

「家庭で使う水道栓は玉形弁ですね」

『そう。弁は形状が複雑だから、多くは鋳物で製造しているよ。だから既述の材料は鋳造品だ』

「複雑だから鋳造は難しいでしょう」

『今まで鋳造して１番難しかった弁は原子力用の弁だったよ。鋳物品は鋳造の設計を行うんだが、それは鋳造方案といって内部欠陥が出ないように、企画・設計から配慮するんだ。その技術がノウハウであり、工場の技術の蓄積および技術者の腕が向上することになるんだ』

「原子力用の弁を製造することは、ほかと変わらないでしょう」

『鋳造品は一般に内部の欠陥、たとえば鋳巣を肉厚部の中に押し込めて、表面に出さないこともするんだね。使用上はまったく異常はないから』

「要するに内部欠陥があっても外部に出てこなければいいわけですね」

『ところが原子力用の弁では完全無欠陥を要求されたんだ』

「そうすると完璧な鋳造方案が求められますね」

『全品の内部をレントゲン検査するから逃げられない。何度も試作して造り上げたけどね』

「そんな過程が技術力を高めるんですね」

『ところで配管の製図はできるかね』

「配管図は描いたことがありますが、3次元で描くときは大変でした」
『石油プラント、化学装置産業、食品工業などの分野では機器設計するときに配管設計が多くなるよ。よく勉強しておくんだね』
「誰にもわかるように図を描くことは難しいです」
『ところで配管に使うねじは管用《くだよう》ねじといって特殊だよ。テーパねじと平行ねじを使い分けているんだ。前者は特に機密性を要求し、後者は機械的な連結が主だ。テーパ度は16分の1だね。ねじの形状を復習しておくんだ。三角ねじの角度は55°だからね』

コラム　トンネル内の壁面清掃

道路のトンネルは排気ガスや粉塵が多量に淀み、壁面に煤が付きます。多くのトンネルは天井部にジェットファンを設置して気流を起こして排気ガスを排出していますが限界があり、短長期で煤を落とす作業が必要です。これはトンネル内の片側車線を止めて、多くの人員が壁面を清掃する困難な作業です。

この清掃を簡単にするには、壁面に対しては材質、形状、粗さ、コーティングなどの対策が考えられます。また、清掃装置としては、ブラシの形状や材質、熱水や薬剤利用などが考えられるでしょう。

筆者が最適と思う方法は、壁面に煤が付着しないように化学物質を薄く塗布してコーティングしたあと、煤が付着したらペローンと剥ぐようなことが可能になれば効果があります。機械的には大型のブラシを持つ走行可能な車両が内壁全面を磨く装置の開発が期待できます。

このような機械装置が開発できれば、道路のトンネル以外に鉄道トンネルや地下鉄トンネルの内壁など多くの需要があります。またトンネル内に限らずビルなど大型の構造物の壁面の清掃も可能になるでしょう。

第41話 漏れたらダメ！
——シールの役目

『機械は滑りや温度上昇を防止するために装置内部に潤滑油を封入する機会が多くなるので、漏れがないようにしなければいけない。これが難しいんだ』
「自動車でもトランスミッションからオイルが漏れていたことがあります」
『装置は内部に歯車を収めるとき、装置を分割するかあるいは上蓋を設けて組み立てているね。その分割面や上蓋の締め付け面から漏れてくるんだ。もう1つは、たとえば入力、出力軸が装置から出て回転するとき、装置とのすきまから漏れる機会がある』
「でも潤滑油には粘度の高低がありますよ。だから冬は粘度が低く、夏は高い種類を使っています」
『それはいい方法だね。そうした方がいい。しかし季節によって交換することは面倒だね。しかも潤滑油は使用時に温度が上昇するんだ』
「上昇すれば粘度が変わりますね」
『だから装置に負荷がかかり潤滑油の温度が最高に達したときを想定して粘度を決め、漏れを防止しなければならないんだ』
「装置と上に被せる蓋の間にはシートが入れてありますよ」
『それはガスケットだね。パッキンとも言っている。弾力性がある布製や皮製、樹脂製もあってシート状に加工して間に挿入し、締め付けるんだ。そうすると漏れが防止できる。ただし、面で漏れを防止するから面積が必要だね』
「ガスケットを入れていてもボルト穴の近くから漏れたこともあります」
『そう。それは穴があるため面積が少なくなり、面で止められない例だね』
「圧力鍋の蓋にも付いていますよ。平面ではないけど、蓋を締め付けてシールするパッキンです。ほかにラビリンスという方法を聞いたことがあります」
『ラビリンスは迷宮という意味だね。面や外周に凹凸を組み合わせて回転しても漏れが少なくなるようにした形だが、完全ではないよ』

ラビリンス

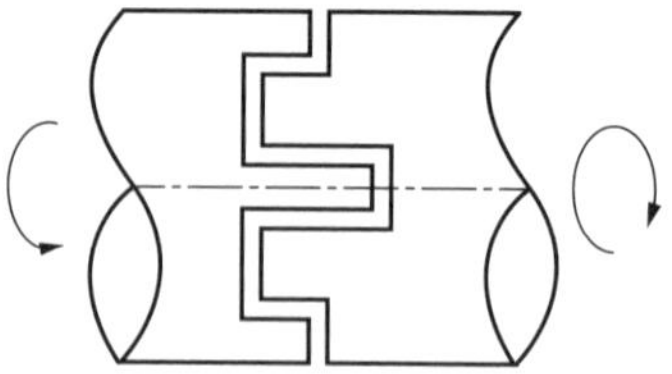

Oリング

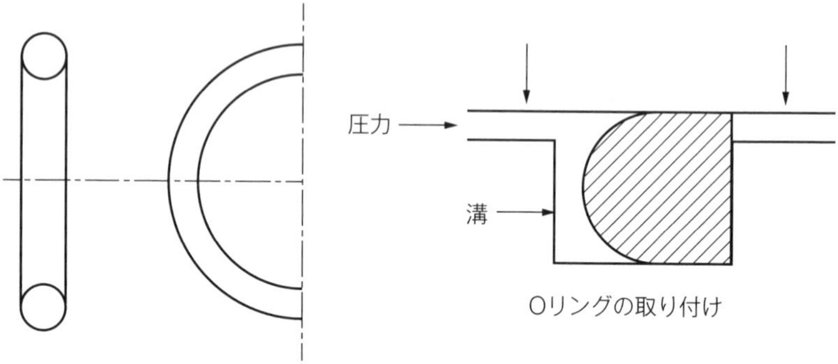

Oリングの取り付け

「面にゴムのリングを入れているのもありますよ」
『それはOリングだね。原則として静止部分の漏れ防止に使用するんだ。先ほどの圧力鍋の蓋のパッキンと同じだよ。Oリングの使い方はゴムの断面直径よりわずかに小さい溝を加工し、そこにOリング全体を収める。そのあとに上から締め付けるとゴムが変形して溝を埋め、漏れを防ぐことができる』
「するとOリングのゴムの断面の直径に応じて溝の寸法が決まるんですね」
『その通りだ。Oリングは非常に多くの寸法が市販されているよ。材質もゴムが多いね』
「これを使ううえでの注意点がありますか」
『Oリングを取り扱うときにはキズをつけない。そのキズから漏れ出るから』
「回転物から漏れを防ぐためにはどうしますか」
『オイルシールが最も効果があるよ。オイルシールは回転用の漏れ防止なんだ。

S型オイルシール

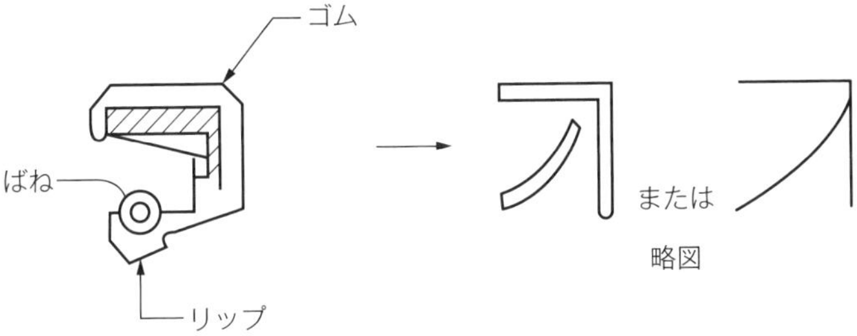

D型オイルシール

オイルシールの使用法

たとえば回転軸の直径に合わせて、カバー内に装着して固定するんだ。オイルシール側は固定したままで、軸が回転しても漏れが出ない』

「オイルシールの構造はどうなっていますか」

『オイルシールは外周がゴムや金属間で強さを維持しておき、軸と滑る部分にリップを設けている。リップとは人間の唇と同じで、完全に乾燥するよりわずかに湿り気があるようにした方がよい』

「人間のリップもそうですね。そのゴムが摩耗したら漏れますね」

『それはそうだね。耐摩耗性を具備しておき、リップはばねでバックアップしているんだ。ばねが強すぎると締め付けが強くなり、摺動時にシール部の温度が上がり過ぎるため、ベテランはそれをうまく調整しているんだ。シール部は高速で回転しているから温度が上がるからね。漏れと締め付けは裏腹になるから困るんだ』

「それも経験ですね。しかし、締め付けると軸は摩耗しませんか」

メカニカルシール構造

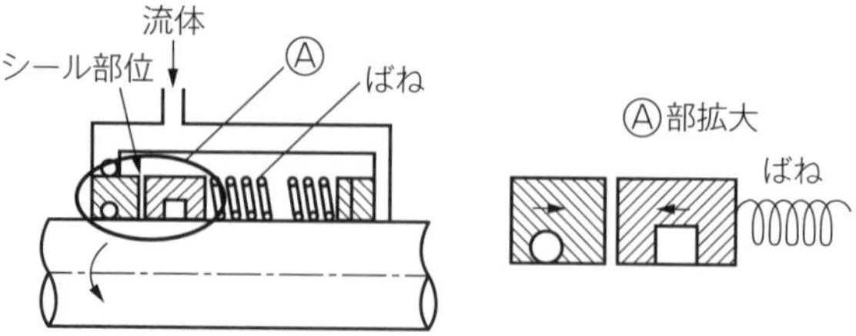

『だからオイルシールのリップが当たる部分は硬くしているよ。Cr（クロム）メッキや焼入れしているね』

「種類はどう使い分けますか」

『高速回転部はリップが1個のままで、低速部は基本的にちりよけのリップを持つオイルシールを使うよ。後者は低速だから温度が上がらない。むしろすきまからちりが入って摩耗が進み、漏れに繋がらないように配慮しているよ』

「リップは潤滑油が封入されている内側に向けるんですね。もう1つを外側に向けて2個を使ったらどうですか」

『そうすると外側に使ったオイルシールは完全に乾燥した状態で滑るからすぐ摩耗するんだ。1個で充分だし、その方がいい』

「しかし、装置の内部に圧力がかかるときは外部に漏れが出てくる場合があるでしょう」

『そのときはオイルシールのリップを外側に向ける力が働き、流体が漏れてしまうね。通常は内部の温度が上がったらエアーブリーザを設けて圧力を大気と平衡にするんだが、圧力対策したシールがいるね。そのときはメカニカルシールを使えばいい。その構造は機械的にばねで互いの面を押し付けてシールする原理だね』

「構造が複雑です」

『一般に液体の潤滑油だけでなくてほかの流体や、気体のガスも同様に漏れ防止をするんだね』

第42話 品質確保します

——工具と測定器

『JISのハンドブックには機素として作業工具もリストしているから紹介しよう。まずねじ回しだ』
「ねじ回しを使うと、すぐねじの溝が摩耗するからいやですね」
『ねじ回しを使うときは、適正なサイズを合わせることが重要で、そのあとは押し付けながら瞬発的に回転力を加える方法が正しい使い方だよ』
「サイズは万能ではないんですね」
『マイナスとプラスのねじ回しも同じ作業になるけど、プラスねじ回しは日本人の発明だね』
「そうですか。随分効果が違いますね」
『磁気を持たせたねじ回しはねじが落ちないから便利だね』
「いろいろ考えますね」
『次はスパナだ。モンキースパナより両口スパナを使うことだね。これも正しくボルト頭のサイズに合わせることが重要だ』
「モンキースパナを使えないなら作業では数種類が必要になります」
『機械修理のために炭鉱の地下深く下がるときは大変だったよ。設計者が自由にボルトのサイズを使うから、準備していくスパナが多くて重いんだ。ドイツで同じ機械類を見たときは、流石に合理的な国民と言われるほどで、2種類のボルト頭に統一していたよ』
「設計者はそんなことまで考えなければいけないのですか」
『めがねレンチ、ソケットレンチやボックスレンチなどのレンチを使うときも同じだね。機械の修理の際にこれらのスパナを挿入するスペースがないことがあるから困るときがあるよ。もっと困ることは機械の下部の底に潤滑油用のドレン抜きなどがあって、装置の外枠をすべて取り払ったあとに機械をクレーンで吊り上げたときもあったなぁ』

レンチ

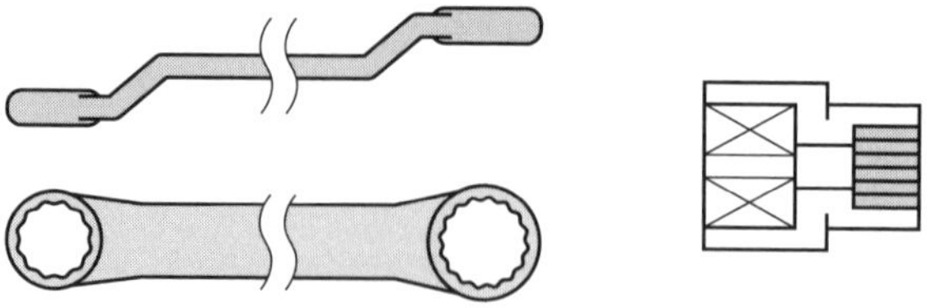

めがねレンチ　　ソケットレンチ

パス

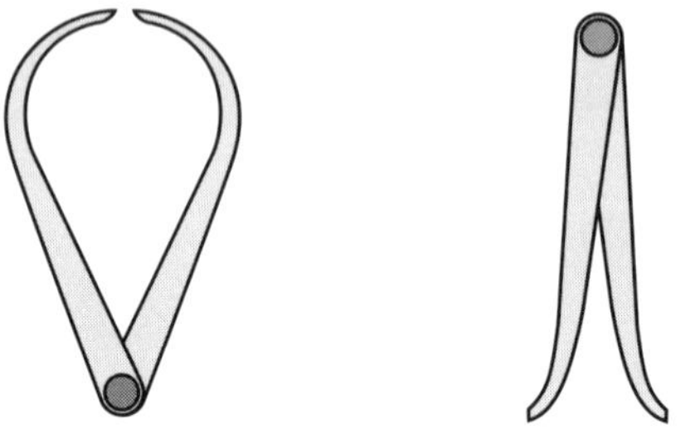

外パス　　内パス

ノギス

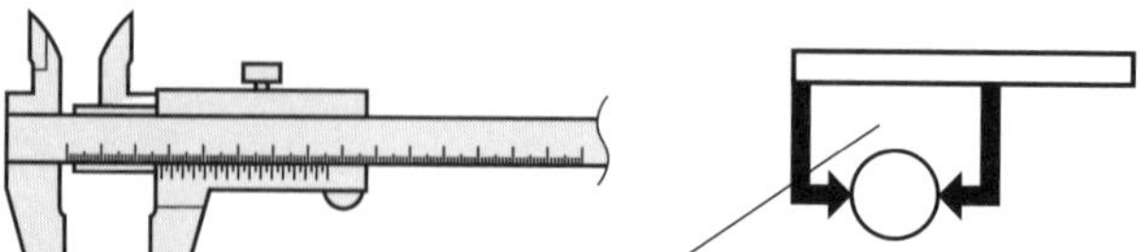

「そんな設計は最低ですね。肝に銘じておかなくてはいけないです」
『寸法を簡単に計測する工具にパスがあるよ。外パスと内パスだね』
「旋盤作業のときにパスで計測しながら切込みを入れているベテランの作業者がいましたよ」
「そんな人は削り屑（切り子）の大きさや流れ方を見ただけでできあがる寸法

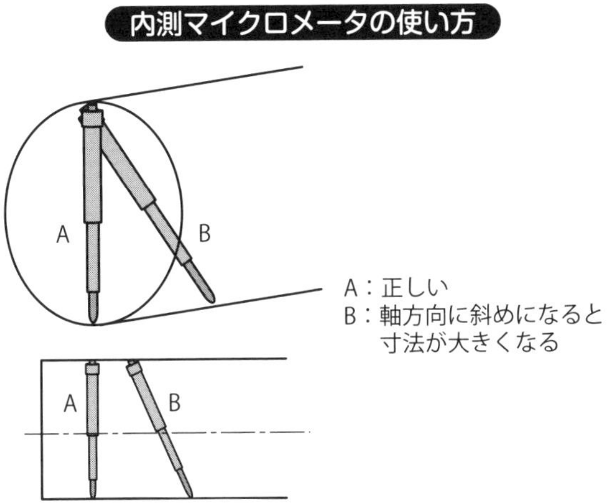

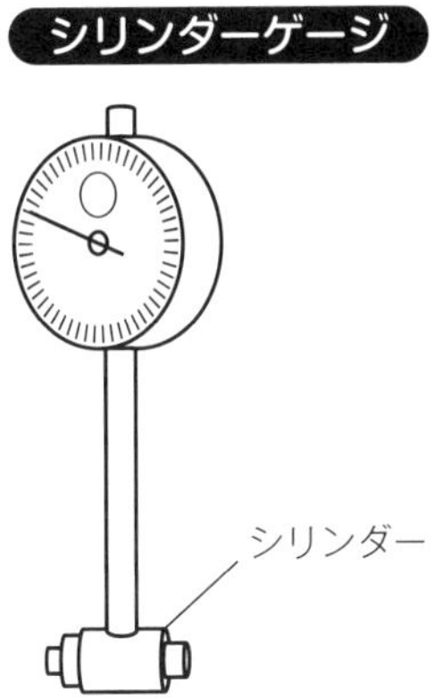

を測ることができるんだ」

「パスよりノギスが正確ではないですか」

『ベテランの作業者はノギスを使いたがらないね』

「それはどうしてですか」

『ノギスも正確に計れるけど、構造上の劣化が起こるんだね。計測する部品を挟む口と、メモリが同一線上にないね。正確に計ろうとして強く挟むと口と目盛りの平行四辺形部にガタが出やすく精度が狂うんだ』

「そうなりますね。だから計測にはマイクロメータが適しているんですね」

『これは挟む力が目盛りと同一線上にあるからね』

「そうするとガタが出にくく劣化しませんね」

『でも分解して、ときどき0点を合わせて補正しなければならないよ。現場の機械技術者は自分で補正している。マイクロメータは内測型もあるよ。これは挟む口はなくて棒状の形だ』

「棒状だから内径の直角方向に入れて測定するんですか」

『測定が難しいのは直径方向だけの2次元ならいいが、ポイントが軸方向にずれたら誤差が出るから、同時に軸方向にも直角に測らなければいけないんだ』

「3次元方向に気を付けるわけですか」

『内測マイクロメータが入らない小径のときはシリンダーゲージを使うよ。ゲージの主軸の先端に直角にシリンダーが付いていて出入りするから、これを内径に押し当てて測定するんだ。出入りの範囲が測定能力になる』
「3次元方向にポイントが合ったかどうか確認ができませんね」
『それはわかるよ。シリンダーを押し当てたときのゲージに表れる目盛が1番小さくなった点がその位置だよ。もし3次元方向でなかったら寸法が大きく出るからね』
「そうかぁ。それでわかるんだ」
『マイクロメータなど精密測定具を使うときは素早く作業しないと手から体温が伝わって伸びるからね』
「それは難しいですね」
『機械工場内には専門の測定者がいて、機械加工が終わった部品を再検査するんだ。彼らは素早く測定できる』
「その方もベテランですね」
『しかも専門の測定者は機械加工の超ベテランでもあるんだね。その中から特に冷たい手を持つ者を選んでいるよ』
「手が冷たいんですか」
『計測すると手の平の温度が30℃もないんだね』
「それだったら適任者ですね」
『握手すると水で冷やしたようにヒヤッとするよ。冷たい鉄鋼を永年に渡って削ってきたから手が慣れたんだろうね』

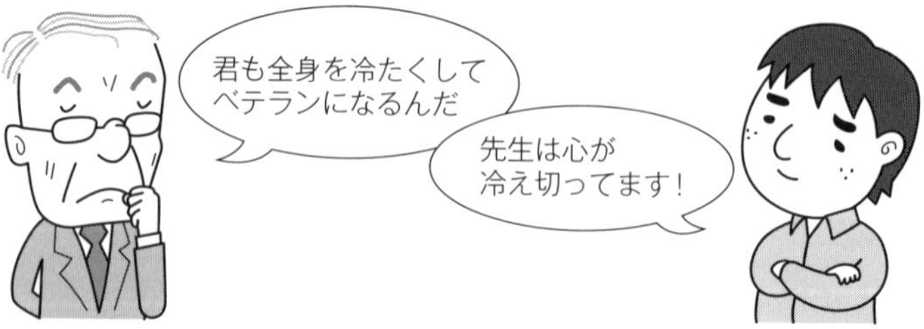

索　　引

数字・英字

2軸平行型……115
JGMA……120
Oリング……158
Vプーリ……95
Vベルト……95

あ

圧力角……109
粗さ……10, 42
粗さゲージ……14
アンギュラ玉軸受……86
安全弁……154
板カム……102
板ばね……134
インボリュートスプライン……64
インボリュート歯形……110
ウィットねじ……35
植込ボルト……42
ウォームギア……119
うず巻きばね……138
内外歯座金……52
内歯形座金……52
内歯車型……116
内パス……23, 162
円筒カム……102
オイルシール……159
押さえボルト……42

か

開放形軸受……84
角形スプライン……62
角ねじ……35
加工硬化……137
重ね継手……76
かさ歯車……118
ガスケット……157
噛み合い率……113
カム……102
管継手……152
菊座金……53
基準寸法……6
逆止弁……154
球面カム……102
許容限界寸法……6
管用ねじ……35, 156
クラウニング……125
クラウン……93
クラッチ……148
形状測定器……39
コイルばね……134
合金ばね鋼……137
公差……6
こう配キー……58
こま形自在継手……73
転がり軸受……82

さ

サイクロイド曲線……111
座金……50
サドルキー……60
さら形座金……51
さらばね……140
三角ねじ……35
仕切弁……154
軸受ナット……53
軸継手……69
沈みキー……58
舌つき座金……53
自動調心ころ軸受……90

自動調心玉軸受……90
しまりばめ……20
斜板カム……102
十点平均粗さ……10
シュパンリング……67
定盤……16
正面カム……102
ショットピーニング……138
シリンダーゲージ……23, 163
すきまばめ……20
すぐ歯……118
スプライン……62
スプロケット……96
滑りキー……59
すべり軸受……82
隅肉溶接……78
スラスト自動調心ころ軸受……91
スリーブ……69
寸法許容差……7, 24
静圧軸受……85
接線キー……66
剪断破壊……74
全歯たけ……109
塑性変形……134
外歯形座金……52
外パス……162

た

台形ねじ……35
タイボルト……42
竹の子ばね……140
多条ねじ……34
タップ加工……41
ダブルナット……54
玉形弁……154
弾性の法則……133
炭素ばね鋼……137
チェーン……93
チェーンカップリング……72
中間ばめ……20
中心線平均粗さ……10
直動カム……102
突合せ継手……76
つめ車……147
ディスクブレーキ……146
テーパねじ……154
テーパピン……48
てこ……97
転位……109
通しボルト……42
止めナット……55
トルク……123

な

ニードル軸受……92
ヌスミ……126
ねじゲージ……40
ねじ研削……42
ねじ数……34
ねじ歯車……119
ねじ回し……161
ねじ山……33
ノギス……163
のこ歯ねじ……36
ノックピン……48

は

バイト……39
ハイポイドギア……118
歯型座金……52
歯車……106
歯車形軸継手……71
歯研……120
歯先円直径……110
はさみゲージ……8
歯数……109
歯すじ……111, 121
はすば歯車……113, 122
歯たけ……109
パッキン……157
ばね鋼……137

ばね座金……50
ばね定数……134
ばね戻し……137
歯幅……111
歯溝……122
はめあい……20
端面カム……102
針金止め……54
針状軸受……92
半月キー……60
ハンドブレーキ……145
ひげぜんまい……138
ピッチ……31, 111
ピッチ円直径……109
引張りコイルばね……136
平座金……50
平歯車……112
平ベルト……95
疲労限……137
フックの法則……133
プラグゲージ……8
ブランク……126
フランジ……152
フランジ形固定軸継手……69
フランジ形たわみ軸継手……70
ブロックブレーキ……144
粉体クラッチ……151
平行キー……58
平面カム……102
平面座スラスト玉軸受……86
ベルト……93
ボールねじ……38

ま

マイクロメータ……163
まがり歯……118
曲げ座金……53
摩擦係数……145
丸ねじ……37
密封形軸受……84
メートルねじ……35
メカニカルシール……160
面圧……123
免震構造……142
モジュール……109
モンキースパナ……44, 161

や

やまば歯車……114
有効径……31
遊星歯車……116
ユニバーサルジョイント……73
ユニファイねじ……35
溶接継手……78

ら・わ

ラビリンス……157
リード……34, 39
リーマボルト……46
立体カム……102
リップ……159
リベット……74
流体継手……151
両口スパナ……161
両ナットボルト……43
レンチ……161
割ピン……53

◎著者紹介◎
坂本　卓（さかもと　たかし）
1968年　熊本大学大学院修了
同年三井三池製作所入社、鍛造熱処理、機械加工、組立、鋳造の現業部門の課長を経て、東京工機小名浜工場長として出向。復帰後本店営業技術部長。
熊本高等専門学校（旧八代工業高等専門学校）名誉教授
㈲服部エスエスティ取締役
三洋電子㈱技術顧問
タカキフーズ顧問
講演、セミナー講師、経営コンサルティング、木造建築分析、発酵食品開発のコーディネータなどで活動中。

工学博士、技術士（金属部門）、中小企業診断士

著書『おもしろ話で理解する　金属材料入門』
『おもしろ話で理解する　機械工学入門』
『おもしろ話で理解する　製図学入門』
『おもしろ話で理解する　機械工作入門』
『おもしろ話で理解する　生産工学入門』
『トコトンやさしい　変速機の本』
『トコトンやさしい　熱処理の本』
『よくわかる　歯車のできるまで』
『絵とき　機械材料基礎のきそ』
『絵とき　熱処理基礎のきそ』
『絵とき　熱処理の実務』
『絵ときでわかる　材料学への招待』
『「熱処理」の現場ノウハウ99選』
『ココからはじまる熱処理』
『おもしろサイエンス　身近な金属製品の科学』
『おもしろサイエンス　発酵食品の科学』（以上、日刊工業新聞社）
『熱処理の現場事例』（新日本鋳鍛造協会）
『やっぱり木の家』（葦書房）
E-mail：sakamoto@taj.bbiq.jp

おもしろ話で理解する
機械要素入門　　NDC 531.3

2013年3月15日　初版1刷発行

（定価はカバーに表示されております。）

©著　者　坂本　卓
発行者　井水　治博
発行所　日刊工業新聞社

〒103-8548　東京都中央区日本橋小網町14-1
電話　書籍編集部　03-5644-7490
　　　販売・管理部　03-5644-7410
FAX　03-5644-7400
振替口座　00190-2-186076
URL　http://pub.nikkan.co.jp/
e-mail　info@media.nikkan.co.jp

印　刷　美研プリンティング
製　本　美研プリンティング

落丁・乱丁本はお取り替えいたします。　2013　Printed in Japan

ISBN 978-4-526-07034-1